AVIS
DE L'IMPRIMEUR.

LA Differtation ſuivante qui a remporté le Prix, au Jugement de l'Academie des Belles Lettres, Sciences & Arts, de Bordeaux, contient tant de faits, d'obſervations & de judicieuſes conjectures, qu'elle peut, en même tems, plaire aux ſçavans Phyſiciens, & être utile aux Arts qui ont quelque raport à l'Hydroſtatique : Les Mariniers ſur tout, y trouveront pluſieurs remarques qu'ils pourront verifier ou rectifier; ce qui produira un avantage réel à la Navigation. On a cru qu'une Traduction Françoiſe, en faveur de ceux qui aiment les Sciences, & à qui la Langue Latine n'eſt pas familiere, ne déplairoit pas au Public ;mais il ſeroit à ſouhaiter que l'Auteur même, ou l'Academie qui a couronné l'Ouvrage, euſſent voulu s'en charger. On eſpere pourtant que celle qui ſuit, moins parfaite que celle qu'ils auroient pû donner, ne déplaira ni aux Philoſophes, ni aux amateurs des Beaux Arts.

MEDITATIONS
SUR L'ORIGINE
DES FONTAINES,
L'EAU DES PUITS,
ET AUTRES PROBLÊMES
qui ont du rapport à ce Sujet.

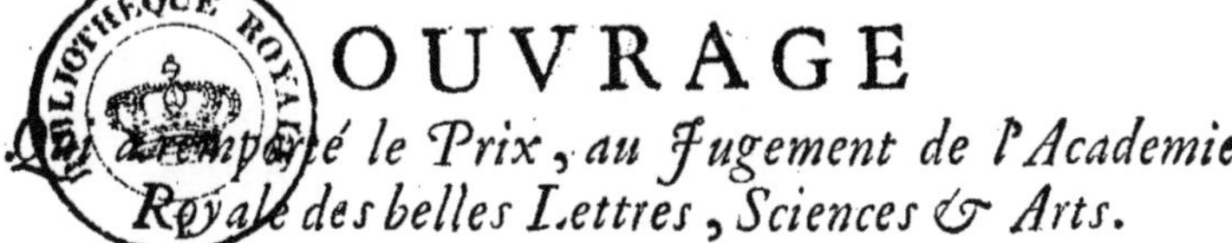

OUVRAGE
Qui a remporté le Prix, au Jugement de l'Academie Royale des belles Lettres, Sciences & Arts.

Par Monsieur KUHN, Docteur en Droit, & Professeur de Mathematiques, à Dantzick.

A BORDEAUX,
Chez PIERRE BRUN, Imprimeur-Aggregé de l'Academie Royale, ruë Saint Jâmes.

M. DCC. XLI.

AVEC PRIVILEGE DU ROY.

MEDITATIONS
SUR L'ORIGINE
DES FONTAINES, L'EAU DES PUITS,
Et autres Problêmes qui ont du raport à ce ſujet.

---

§. I.

OUS les fleuves & les eaux des Fontaines, comme il paroît par les Cartes geographiques & hydrographiques,

OMNIUM fontium, fluminumque curſus (teſtibus Tabulis geographicis & hydrographicis) verſùs mare aliquod diri-

OBSERVAT. I.

gitur, in quod aquas suas tandem, sive mediatè, sive immediatè deponunt.

coulent vers quelque mer, dans laquelle, à la fin, soit médiatement, soit immédiatement, toutes leurs eaux se déchargent.

§. II.

COROLL. *Cùm in Hydraulicis demonstretur locum ad quem aqua fluit, depressiorem, seu centro telluris propiorem esse loco altero, à quo fluit: distantia diversorum fluminis locorum, à fonte, secundùm longitudinem viæ fluminis computata, ductibus scilicèt flexuosis non neglectis, patet.* 1°. *Fluminis locum quemlibet eò depressiorem esse, quò is est à fonte remotior.* 2°. *Locum fontis esse omnium altissimum.* 3°. *Locum maris ad ostium fluminis esse horum omnium maximè depressum.* 4°. *Alveos fluminum versùs mare declives esse.* 5°. *Longitudine fluminis ab ostio ad*

Il est démontré dans l'Hydraulique, que le lieu vers lequel l'eau coule, est plus bas, c'est-à-dire, plus voisin du centre de la terre, que le lieu d'où elle coule: d'où il suit, en calculant la distance de différens endroits des fleuves, jusqu'à la source, & ayant égard à la tortuosité de leur cours. 1°. Qu'un lieu quelconque d'un fleuve, est d'autant plus près du centre de la terre, qu'il est plus éloigné de la source. 2°. Que le lieu de la source est le plus élevé de tous ceux du fleuve. 3°. Que le lieu de la mer à l'embouchure, est le plus bas de tous les lieux du fleuve. 4°. Que les lits des fleuves vont en s'abaissant, depuis la source jusqu'à l'embouchure. 5°. Que la longueur du cours du fleuve, depuis l'embouchure jusqu'aux sources de chacun des ruisseaux qui le composent, étant donnée, la mesure de la declivité moyenne étant donnée aussi, on peut trouver combien chaque source ou chaque lieu intermediaire, est plus ou moins élevé à l'égard de l'embouchure. 6°. Que si les eaux d'un même fleuve, sont partagées en plusieurs branches en quelque endroit, & vont se rendre à divers lieux d'une même ou de diverses mers, on peut trouver si la surface de la mer, à l'une des embouchures, est plus haute ou plus basse, que la surface de la mer à d'autres embouchures.

singulos rivorum componentium fontes (aut usque ad quemlibet datum locum intermedium) cognitâ, & præterea datâ, per artem libellandi, mensurâ declivitatis mediæ, inveniri posse, quantùm singuli fontes, aut loca data intermedia, respectu loci maris ad ostium fluminis, altiora sint, seu à centro telluris remotiora. 6°. Si aquæ ejusdem fluminis alicubi divergentes, ad diversa ejusdem aut diversi maris loca, in mare ponerentur, detegi posse, an superficies maris ad unum ostium, altior aut depressior sit superficie maris ad ostium alterum & quantùm.

§. III.

Ceux-là se trompent,

Falluntur ergo, qui sibi SCHOL. I.

persuadent, mare altius esse terrâ continente; & quidem ex eo quod Optices ignari, de altitudine maris, secundùm apparentiam opticam judicium ferre solent, cùm spectatori in monte aut turri constituto, & in mare prospectanti, mare altiùs altiùsque assurgere videatur, donec tandem ad eandem circitèr cum oculo spectatoris altitudinem, elevatum appareat. Hi autem levi negotio erroris sui convinci possunt, si ad locum altiorem fluminis turrim conscendere, & secundùm decursum fluminis versùs loca ad idem flumen sita, sed valdè remota, oculos dirigere jubeantur depr.hensuri, loca extra controversiam multò depressiora oculo ita exhiberi, ac si in ead m ferè cum oculo altitudine sita forent; & naves secundo amne latas, ita spectari, ac si in superficie fluminis acclivi versantes, in summum collis aquei jugum eniterentur.

qui croyent que la mer est plus haute que le continent, parce qu'elle paroît telle lorsque l'on regarde au loin de dessus le rivage : mais la même chose paroîtroit si l'on se plaçoit à la source d'un fleuve, & que des yeux on en suivit le cours ; les lieux les plus éloignez de la source, paroîtroient les plus élevez : de sorte que si un Vaisseau suivoit le cours du fleuve, il paroîtroit monter, & non pas descendre. C'est là une illusion de l'Optique, qui ne trompe que ceux qui ne sont pas instruits de cette science.

§. IV.

SCHOL. 2. *Ne quis autem existimet*

Et que l'on ne s'imagine pas que la difference de la hauteur des sources, d'avec celle des embouchures, soit médiocre, ou infiniment petite par raport au semidiametre de la terre: on verra le contraire par ce qui suit; d'où nous tirerons aussi quelques conjectures sur la vraye figure de la terre, que de sçavans Mathematiciens recherchent maintenant avec tant de soins & de travaux par les ordres du Roy de France. Si les ruisseaux, les fleuves & les rivieres qui sortent des lacs, & des étangs, &c. ont un cours tortueux, la Providence Divine l'a ainsi établi, afin, principalement, que l'on ne manquât, en aucun lieu de la terre, d'une eau salutaire & qui pût satisfaire à tous les besoins des hommes & des animaux. Suposons mainte-

differentiam inter altitudinem fontium atque ostiorum fluminum modicam admodùm esse, aut certè respectu semidiametri telluris parvitatis contemnendæ; ad sequentia animum advertisse juvabit, præsertim cùm exindè haud levem conjecturam facere liceat pro vera telluris figura, in quam nostro ævo, & nunc maximè, magni Regis Galliarum impensis, incredibili studio & labore à Mathematicis Regiis inquiritur. Nimirùm scaturigines, rivi, flumina, lacus, stagna, aliaque fluenta, viam flexuosam, utpotè utilissimam, adeòque optimam servantia, quæ eis, providentiâ Dei prorsùs admirandâ, eo potissimùm fine, suis quæque locis haud multùm à se invicem distantibus, per terram habitabilem distributa sunt; ne facilè ullibi terrarum aqua parata atque salubris deesse possit necessitatibus ac commoditati hominum, animaliumque (sive aquationem, sive navigationem, sive piscaturam, &c. spectes) inservitura. Jam fingamus superficiem telluris, ad instar stagni, æquabilem, seu quod eodem redit, perfectè sphæricam esse; manifestum est, tum aut nullas omninò aquarum scaturigines datum iri; aut si darentur, prorsùs inutiles futuras, cùm nulla adessent loca depressiora, quorsùm defluere possent. Cessante igitur omni declivitate soli, aqua pluvialis æquè ac fontana, superficiem telluris undique superstagnans agros, prata, silvas, totum denique animalium terrestrium domicilium vastaret, nec iisdem locum in sicco consistendi relinqueret, omnia obtinentibus undis. Accedit, quòd aqua perpetuò stagnans, omnique ferè motu destituta,

nant que la surface de la terre soit unie comme celle d'un étang, ou, ce qui revient au même, parfaitement spherique; il s'ensuit clairement que pour lors il n'y aura point de sources, ou que s'il y en a, elles seront très-inutiles, puisqu'il n'y aura point d'endroits plus bas, vers lesquels elles puissent couler.

Car cette déclivité, une fois ôtée, les eaux de pluïe aussi-bien que celles des Fontaines, inonderoient toute la surface de la terre, les champs, les prez, les bois; endomageroient toute l'habitation des animaux terrestres, & ne leur laisseroient aucun endroit sec pour se retirer. Joignez à cela que l'eau toûjours arrêtée & presque dépourvûë de mouvement, seroit bien-tôt corrompuë, malſaine, & même peſtilentielle, ſur tout parce qu'étant deſtinée aux beſoins des animaux terreſtres, elle n'a pû, comme l'eau de la mer, être impregnée de ce ſel amer, qui l'empêcheroit de ſe corrompre: d'où il paroît combien l'on doit regarder comme ridicule & chimérique l'opinion du Docteur Burnet qui ſoûtient que la terre, avant le Déluge, avoit une figure ſpherique, ſans montagnes, ſans valées, ſans fleuves, ſans mer; opinion déja ſolidement refutée par pluſieurs Sçavans; ainſi, graces à la Providence divine, la terre eſt plûtôt d'une figure inégale, ſemée de colines, de montagnes & de va-

brevi tempore putrida, inſalubris, imò peſtilens redderetur, præſertim cùm aquæ iſtæ, ut potè neceſſitatibus animantium terreſtrium deſtinatæ, ſale amaro, quale aquæ marinæ datum eſt, impregnatæ eſſe nequeunt, cujus virtute à corruptione integræ ſervari poſſent. Ex quo etiam apparet, quàm inepta atque chimærica cenſenda ſit figura telluris ante Diluviana, prorsùs æqualis, montibus, vallibus, fluminibus, maribuſque deſtituta, quam olim obtinuiſſe fingit Thom. Burnetius, (a) *à pluribus meritò notatus, ſolidèque refutatus:* (b) *Propterea Sapientiâ divinâ providente, ſuperficies terræ continentis inæquabilem potiùs figuram nacta eſt, diverſæ magnitu-*

(a) In Theoria Telluris ſacra. *Lib.* 1. *cap.* 4. & 5.

(b) *Vide* Herberti Epiſcopi Herefordienſis Animadverſiones nonnullæ in Librum, cui titulus, *Theoria Telluris.* Londini, An. 1685. in 8°. Item Eraſmi Warren Geologia. Londini, An. 1690. in 4°. utroque Auctore, Anglico idiomate utente.

dinis ac figuræ, collibus, montibus, vallibuſque, per loca maximè convenientia, diſtributis; diſtinctam ita quidem, ut etiamſi à ſalebroſa telluris facie animum abſtrahas, nihilominùs anguſtæ illæ, perpetuæ, & ad mare pertinentes valles, in quibus flumina feruntur, altiùs altiùſque aſſurgant, quò magis à mari receditur, & ad loca mediterranea acceditur. Perpetua enim, quæ tum obtinetur, declivitas, à fontibus versùs rivos, à rivis versùs flumina, à fluminibus versùs mare, efficiet, ut aquæ, indeſinentèr licèt ſcaturientes, nuſquam facilè exundent; ſed in modico à locorum ſpatio collectæ, & quaſi frenatæ, flexo quorsùm res poſtulat curſu, ad loca intermedia, ſponte ſuâ deducantur, ſalubritatem ſuam, vitamque, ſeu vim agendi, ope motûs continui, retinentes.

lées de differentes grandeurs, & ſituées dans les lieux les plus convenables; & même faiſant abſtraction des montagnes, ces valées étroites & longues, dans leſquelles coulent les fleuves, s'élevent toûjours de plus en plus en s'éloignant de la mer, par le moyen de cette déclivité perpetuelle des ſources vers le ruiſſeau, des ruiſſeaux vers les fleuves, & des fleuves vers la mer; les eaux quoique coulant ſans ceſſe, ne débordent pas facilement; mais retenuës dans leurs lits, & dirigées dans leurs cours, elles ſont portées dans les lieux intermediaires, & conſervent leur ſalubrité, à l'aide de ce mouvement continuel.

Ceci ſe confirme par l'inſpection des Cartes geographiques, particulierement de celles des grandes Isles, comme la Sicile, la Sardaigne, la Grande-Bretagne. On voit avec plaisir que les sources des grands fleuves sont situées à peu près dans le milieu des terres, & que leur cours tend insensiblement vers la mer : au contraire, on ne voit aucun fleuve avoir sa source dans des lieux voisins de la mer, & dont le cours tende vers le milieu des terres; encore moins aille se terminer au rivage oposé de la mer. On voit la même chose dans les Cartes des autres Païs, soit peninsules, soit continens, pourvû que l'on observe que dans ces Cartes, les lieux les plus élevez du continent, en quelques endroits qu'ils soient situez, doivent être regardez comme les milieux des terres, & être compa-

Hæc apprimè confirmantur mappis geographicis, iis præsertim quæ Insulas majores e. g. Sardiniam, magnam Britanniam, exhibent diligentiùs solito inspectis. Tum enim statim, non sine insigni voluptate, deprehendimus, omnium fluminum majorum fontes in locis insulæ mediterraneis oriri, fluminum autem viam paulatìm magis magisque ad maritima loca tendere, donec ea in ipso littore maris destinat; nullum contra flumen aut rivum haud procul locis maritimis ortum loca mediterranea petere, multò minùs viam fluminis in opposito littore maris terminari. Eadem animadvertere licet in mappis aliarum regionum, quæ in peninsularum, aut terrarum continentium numero sunt; modò notaveris, in his casibus loca continentis altissima, ubicunque sita sint, tanquam loca ma-

ximè mediterranea spectari, & ad maria proxima referri debere. Jam quæritur, an differentia altitudinis fontium atque ostiorum fluminis majoris notabilis plerùmque sit, an verò inter minutias referenda? Consideremus rem in exemplo Danubii, principis Europæ Fluvii. Is à fontibus in Suevia sitis, tendit versùs orientem solem, donec post viam 400 circitèr milliarum Germ. confectam, prodigiosam, quam in itinere collegit, aquæ quantitatem per aliquot ostia in Pontum Euxinum deponat. Porrò cùm mensura declivitatis aquarum, sit ratio, quam habet distantia linearum horizontalium verarum per terminos, à quo & ad quem ductarum, seu altitudo lapsûs aquarum (A) *ad veram longitudinem viæ fluminis inter hos terminos interceptam* (L); *positâ autem* L = 100 *pedibus Parisinis*,

rez aux mers prochaines. On demande à présent si la difference de la hauteur des sources & des embouchures, est assez considérable pour mériter quelque attention. Prenons, par exemple, le Danube, le Prince des fleuves de l'Europe, depuis sa source qu'il prend en Suisse; il tend toûjours vers l'Orient jusqu'à ce qu'après avoir parcouru l'espace d'environ 400 milles d'Allemagne, il porte par diverses embouchures dans le Pont Euxin, la prodigieuse quantité d'eaux qu'il a ramassées dans son cours; maintenant la declivité des eaux, étant le raport de la distance des lignes horisontales, menées du point le plus haut & du point le plus bas, le raport, dis-je, de la distance de ces lignes, qui n'est autre chose que la hauteur de la chûte, que nous exprimerons par A à la vraïe longueur du fleuve, comprise entre les terres que nous apellerons L, si l'on supose la longueur L de 100 pieds, on sçait par des opérations, souvent repetées à l'occasion des acqueducs construits pour les moulins, qu'il faut que A soit au moins de demi-pied; ainsi, lorsque nous voudrons, en mesurant la déclivité entre la source & l'embouchure d'un fleuve, éviter plûtôt le trop que le trop peu, nous pourrons nous servir de cette expression $\frac{A}{L}$ ou de cette proportion $\frac{\frac{1}{2}}{100}$ ou $\frac{1}{200}$ d'où il suivra que le Pont Euxin, près de l'embouchure du Danube, est plus bas que la source du Danube située en Suisse, au moins de deux milles d'Allema-

per experimenta à libratoribus, occasione aquæductuum molendinariorum, toties facta, vix unquam reperiatur A *minor, sed frequentissimè major dimidio pede Parisino: Patet, ubi, in integra declivitate inter fontem & ostium fluminis circitèr assignanda, excessum potiùs quàm defectum vitare cupimus, mensuram declivitatis mediæ, hoc est* $\frac{A}{L}$ *tutò poni posse* $\frac{\frac{1}{2}}{100} = \frac{1}{200}$. *Ex quo sequitur mare Nigrum propè ostia Danubii, respectu fontis in Suevia siti, depressius, seu centro telluris propius esse quantitate* $\frac{1.400}{100} = 2$ *minimum milliarium Germ. seu* 40000 *ped. geom. Nam cùm Danubius, quod descriptiones geographicæ testantur, citatiore cæteris amne feratur, & prætereà inter Belgradum & Vviddinum cataractas habeat; vix errandi periculo expositus foret, si quis istam altitudinis locorum differentiam 3 milliaribus Germ. & ampliùs æqualem statuere vellet. Similitèr, cùm longitudo viæ inter fontes atque ostia Nili Albi ad Alexandriam* 1350, *inter eosdem fontes autem atque ostia Nili Nigri in mari Atlantico* 1450 *circitèr milliarium Germ. æstimetur: Eâdem ut ante mensurâ declivitatis mediæ* $\frac{L}{A} = \frac{1}{200}$ *retentâ, mare Mediterraneum propè Alexandriam fontibus Nili depressius erit quantitate* $\frac{1.1350}{200} = \frac{675}{100} = 6\frac{3}{4}$ *minimum mill. Germ. Mare autem Atlanticum ad ostia Nigri respectu eorumdem fontium, depressius erit quantitate* $\frac{1.1450}{200} = \frac{725}{100} = 7\frac{1}{4}$ *mill. Germ. Consequentèr mare Mediterraneum ad Alexandriam, altius erit mari Atlantico propè ostia Nigri quantitate* $7\frac{1}{4} - 6\frac{3}{4} = \frac{1}{2}$ *mill. Germ. Quid ex Euphratis, ex fluvii Hoang*

gne ou de quarante mille pieds geometriques, je dis au moins; car le Danube ayant un cours plus rapide que la plûpart des autres fleuves; & de plus, ayant des cataractes entre Widdin & Belgrade, on pourroit ajoûter un mille d'Allemagne, sans crainte de se tromper. De même la longueur du cours du Nil, étant de 1350 milles d'Allemagne, & celle du cours du Niger, qui a la même source, & qui se décharge dans la mer Atlantique, étant de 1450 milles, la mer Mediteranée proche Alexandrie, sera plus basse que les sources du Nil de $6\frac{3}{4}$ milles d'Allemagne, & la mer Atlantique sera plus basse que ces mêmes sources de $7\frac{1}{4}$ milles d'Allemagne; d'où il s'ensuit que la mer Mediteranée à Alexandrie, sera plus haute que la mer Atlantique près de l'embouchure du Niger d'un $\frac{1}{2}$ mille d'Allemagne. On voit quelles conséquences on peut tirer du cours de l'Euphrate; du fleuve Hoang; ou du fleuve Jaune, dans la Chine; du fleuve des Amazones, &c. C'est pourquoi le diametre moyen de la terre, étant environ de 860 milles d'Allemagne, on voit que le raport de 6 à 860 n'est pas infiniment petit, & par conséquent ne doit pas être negligé lorsqu'il s'agit de connoître la vraïe figure de la terre: il est constant aussi que ce n'est pas vainement, que l'on pourroit se flater de découvrir cette vraye figure par des expériences de cette sorte, faites en plusieurs lieux, & avec plus d'exactitude que je ne le fais ici.

seu Crocei in China, ex fluvii Amazonum in America, aliorumque ingentium fluminum longissimo tractu simili ratione considerato colligere debetur, obscurum amplius esse nequit. Quare, cùm ponatur diameter telluris media circiter 860 *mill. Germ. ex rationibus hujusmodi* e.g. 6 : 860. & (860 $\pm$ 6) : 860, *haud quaquam in sphæricitate maris dijudicanda negligendis satis apparet, superficiem maris, contra ac plerisque persuasum est minimè sphæricam esse; multò minùs superficiem telluris integræ, licet montium ratio non habeatur. Nec minùs constat ejusmodi experimentis, pluribus in locis, (non ruditèr quod ego nunc facere cogor) sed accuratiori industriâ institutis, ex differentiis altitudinum repertis, haud vanam de vera telluris figura conjecturam peti posse.*

§. V.

SCHOL. 3. *Etsi verò systema, quod de origine fontium propositurus sum, salvum maneat, sive communem, sive Newtonianam, sive Cassinianam de figura telluris sententiam sequamur; nihilominùs argumenti dignitate motus hac occasione (quod pace lectoris fiat) enarrabo, quibus potissimùm observationibus atque ratiociniis adductus, Cassinianam hypotesim ad hypotesim naturæ propiùs accedere existimem: Idque eò libentiùs facio, quòd hinc nova methodus veram telluris figuram investigandi (quam §. 2. n. 4. 5. 6. saltem adumbrari) satis dilucidetur.*

Quoique le siſtême que je proposerai sur l'origine des Fontaines, ne soit incompatible, ni avec l'opinion de Monsieur Newton, ni avec celle de Monsieur Cassini sur la figure de la terre, j'espere qu'on me permettra ici d'exposer les raisons principales qui me font regarder l'opinion de Monsieur Cassini comme plus conforme au siſtême de la nature, d'autant plus que je developerai une nouvelle methode pour trouver la vraye figure de la terre, dont j'ai déja donné l'idée dans le Paragr. second.

§. VI.

OBSERVAT. 2. *Non omnia maria æquè salsa reperiuntur. Maria enim clausa, e. g. mare Caspium & Mortuum salsiora*

Toutes les mers ne sont pas également salées: car les mers fermées, telles que la mer Caspienne &

la mer morte, sont plus salées que les mers ouvertes particulieres; & la Mediterranée est plus salée que l'Ocean Germanique, & celui-ci plus salé que la mer Baltique : il faut sur tout faire attention que le grand Ocean, par le moyen duquel, on peut faire le tour de toute la terre, n'est pas par tout également salé; mais que cette salure croît à proportion qu'on approche de l'équateur, & qu'elle décroît suivant les degrez d'éloignement. On trouve, par ex. la mer Atlantique peu salée vers l'Ecosse sous la latitude septentrionale 60°. vers le Portugal sous la latitude septentrionale 40°. un peu plus; aux Isles Canaries sous la latitude sep-

sunt apertis particularibus (c) *& mare Mediterraneum salsius est mari Germanico; hoc verò salsius mari Baltico. Præcipuè autem attendi meretur, quòd Oceanus universalis, cujus scilicèt ope tellus circumnavigari potest, non ubique eodem gradu salsedinis gaudeat* (d) *sed salsedo ejus, decrescente distantiâ ab æquatore, crescere observetur, & contra.* e. g. *mare Atlanticum è regione Scotiæ sub latitudine boreali* 60°, *modicè; è regione Lusitaniæ, sub latitudine* B. 40°, *plusquàm modicè; è regione Insularum fortunatarum, sub latitudine* B. 25°, *intensiùs; propè æquatorem, è regione littorum Guineæ, maximè salsum deprehenditur. Hæc salsedo, crescente latitudine australi, decres-*

(c) *Vid.* Vita & res gestæ Petri I. Russorum Imperatoris, Germanicè edita, *pag.* 321. *seqq. Item* Becmanni Historia orbis terrarum geographica & civilis, *P. M.* 94.

(d) Conferatur Lud. Feüillée Diarium Observationum physicarum, mathem. *&c.* recensitum in actis Erud. Lips. A. 1715. *p.* 189.

cere obſervatur, quando quidem ea è regione Promontorii bonæ Spei ſub latitudine auſtrali 36°, multò minor reperitur eâ, quæ circa æquatorem regnat.

tentrionale 25°. conſiderablement plus ſalée, & beaucoup plus encore vers les côtes de Guinée. On obſerve que cette ſalure décroît à proportion que croît la latitude auſtrale, puiſqu'il eſt aſſuré qu'elle eſt moins ſalée aux environs du Cap de Bonne-Eſperance par les 36. dégrez que vers l'Equateur.

§. VII.

SCHOL. *Quæ de diverſo gradu ſalſedinis in diverſis Oceani locis diximus, præcipuè intelligenda ſunt de aqua inferiore Oceani, magno ſatis intervallo à littoribus diſtante, cùm ſuperficiales aquæ littoribuſque vicinæ, ſint aquæ fluviales, marinæ ſupernatantes, & ſale marino nondum æquè ſaturatæ, uti inferiores. Quibus autem magnis ſyrtibus, cumulis arenaceis aut lapidoſis* (Belgis, Sand-Banck, Steen-Banck) *quibus parietibus, ut ita lo-*

Ce que Nous avons dit de differens dégrez de ſalure dans les differens endroits de l'Ocean, doit s'entendre de l'eau la plus baſſe de ce même Ocean, aſſez éloignée du rivage; parce que celles qui ſont près du rivage, ſont les eaux des fleuves, moins ſalées que celles de la mer, plus legeres & moins chargées de ſel que le ſont celles qui ſont plus loin du rivage, & plus baſſes. Il ſeroit difficile & même témeraire de vouloir entierement déveloper l'artifice dont la nature se sert pour produire cet effet : de vouloir expliquer par quels grands syrtes, monceaux de sable ou de pierres (que les Hollandois appellent *Sand Banck, Steen Banck*) par quelles murailles mitoyennes, s'il est permis de parler ainsi, comme le banc de sable qui s'étend d'abord depuis Jutland vers le septentr. ensuite vers le couchant, & qui separe la mer de Norvege des mers d'Angleterre & d'Ecosse, comme aussi de l'ocean Deucaledonien, (les Hollandois l'apellent *Jutsche Riff* & aussi *de Kimmen*; par quelles cloisons; par quels môles, situés en des endroits convenables, tels que sont tout le con-

quar, intergerinis (cujus exemplum prabere potest cæcus cumulus arenaceus indè à Jutia *versùs septentrionem, deindè versùs occasum porrectus, & mare Nortvegicum ab mari Anglicano & Scotio, itemque ab Oceano Deucaledonio discriminans, Belgis,* Jutsche Riff. *itemque* de Kimmen (e) *dictis tanquam cæcis & interruptis vasis marini diaphragmatibus, quibus transversim objectis magnis molibus (qualis est tota continens Americæ, item Borneo Java,* &c. *unà cum Archipelago Indiæ orientalis) quibus fretis exiguæ latitudinis & profunditatis, quibus Euripis sorbentibus & vomentibus, &c. natura id præstet, ut minimùm intra certos longitudinis terminos, salsedo ista, sub diversa maris latitudine, di-*

(e) *Vid.* Joannis Van Keulen Zee-Kaasdt. Amstelodami. A. 1724. Tab. 2. 4. 5. 7. præcipuè Tab. 8.

versa, constantèr conservari possit, licèt omnes Oceani universalis partes, minimùm propè superficiem, tam vasto spatio inter se communicent, hoc, inquam, investigatu difficillimum, imò vanum ac temerarium judico, quamdiù deficiunt observationes marinæ eum in finem institutæ.

tinent de l'Amerique, l'isle Borneo, de Java, &c. l'Archipel des indes Orientales; Par quels détroits d'une mediocre largeur & profondeur; par quels Euripes absorbans & vomissans, &c. Il seroit, dis-je, témeraire de vouloir expliquer par quel art la nature produit cet effet, si l'on n'est pas aidé par un nombre infini d'observations.

§ VIII.

COROLL. I. *Quia Oceani universalis partes salsedinem suam sub latitudine diversa, diversam constantèr retinent (§. 6.); necesse est, ut nec aqua marina intra tropicos versùs aquam extra tropicos sitam ruat, nec hæc versùs æquatorem.*

Comme les parties du grand Ocean ont toûjours une salure differente, suivant la diversité de latitude (§. 5. & 6.) il est necessaire que l'eau de la mer entre les tropiques, ne coule point vers l'eau qui est au-delà des tropiques, & que celle-ci ne coule point vers l'équateur.

§. IX.

Par conſequent les parties de l'Ocean, autour de l'équateur, ſont en parfait équilibre avec les parties de ce même Ocean les plus éloignées de l'équateur, ou autrement les plus proches du pole.

Partes igitur Oceani circa æquatorem in æquilibrio conſiſtunt cum partibus ejuſdem Oceani ab æquatore quantumlibet remotis, ſeu polo vicinioribus. COROLL. 2.

§. X.

Parce qu'à cauſe de la continuité de l'Ocean, toutes les parties ayant une latitude differente (ou une differente diſtance de l'équateur) doivent être conſiderées comme autant de tuyaux qui ſe communiquent ; la hauteur à laquelle monte la ſurface de l'Ocean au-delà des tropiques, par une loi très connuë d'hydroſtatique, eſt à la hauteur à laquelle monte la ſurface de l'Ocean proche l'équateur,

Quoniam ob continuitatem Oceani, omnes ejus partes diverſam latitudinem (ſeu diſtantiam ab æquatore) habentes, tanquam totidem tubi communicantes conſiderari poſſunt; altitudo, ad quam ſuperficies Oceani extra tropicos data conſiſtit, (per legem Hydroſtatices notiſſimam) erit ad altitudinem ad quam ſuperficies Oceani propè æquatorem aſſurgit, ut gravitas ſpecifica aquæ propè æquatorem, ad gravitatem ſpecificam aquæ ex- COROLL. 3.

tra tropicos datæ. comme la gravité ſpecifique de l'eau proche l'équateur eſt à la gravité ſpecifique de l'eau au-delà des tropiques.

§. XI.

COROLL. 4.

Quare, cùm ſecundùm Newtonium, (f) *denſitas adeòque & gravitas ſpecifica ſalis ſit ferè dupla aquæ dulcis; conſequentèr aqua Oceani magis ſalſa majorem, minùs ſalſa minorem gravitatem ſpecificam habeat; ſuperficies Oceani intra & extra tropicos ad eandem altitudinem conſiſtere nequit, ſed ejus propè æquatorem ſuperficies centro telluris notabilitèr propior erit, quàm quidem ea extra tropicos, aut generalitèr, quàm ſuperficies loci Oceani ab æquatore remotioris.*

C'eſt pourquoi puiſque ſuivant Newton la gravité ſpecifique du ſel eſt preſque double de celle de l'eau douce : & puiſque par conſequent l'eau de l'Ocean la plus ſalée a une plus grande gravité ſpecifique, & la moins ſalée une moindre, il s'enſuit que la ſurface de l'Ocean en deça & au-delà des tropiques ne ſçauroit monter à la même hauteur, mais que la ſurface près de l'équateur ſera conſiderablemnt plus proche du centre de la terre que la ſurface qui eſt au-delà des tropiques, ou en general, que la ſurface de l'endroit de l'Ocean le plus éloigné de l'équateur.

(f) In principiis Philoſophiæ naturalis mathematicis. *pag.* 373. Edit. 3.

§. XII.

Pour le démontrer, ſoient dans la figure BDE, repreſentant l'Ocean, B & D deux lieux pris ſous le même meridien BQE, l'un D, ſous l'équateur AQ, & l'autre B, ou E, ſous la latitude de 50 degrez. Soit ſuppoſé que la gravité ſpecifique de l'eau en QD eſt à la gravité de l'eau en B, ou E, comme 7 à 5. Soit encore la hauteur de la colomne d'eau GB = 14000 pieds geometriques ; & par les points B & G. ſoient menées les lignes horiſontales GE & BQ vers l'équateur QA ; il eſt évident que la colomne d'eau ſous l'équateur ſera à peu près comme FD = $\frac{5 \cdot 14000}{7}$ = 5 · 2000 = 10000 pieds geometriques ; c'eſt-à-dire, que la ſuperficie de l'Ocean en

E. gr. *Sint duo Oceani* BDE *loca* ; B *&* D *ſub eodem circitèr meridiano* BQE *ſita*, *alter* D *ſub æquatore* AQ, *alter* B *vel* E *ſub latitudine* QB *vel* QE 50 *graduum* ; *ponaturque illius* D *gravitas ſpecifica ad gravitatem ſpecificam hujus* B *vel* E, *ut* 7 : 5, *ſitque* e. g. *hujus columnæ aqueæ altitudo* GB = 14000 *ped. geometr. & per utramque extremitatem* G *&* B *ductæ intelligantur lineæ horizontales veræ* GF *&* BQ *versùs æquatorem* AQ ; *patet*, *ſub æquatore altitudinem columnæ aquæ ſuper eadem horizontali vera* GF *per* G *ducta*, *ſaltem fore* FD = $\frac{5 \cdot 14000}{7}$ = 5 · 2000 = 1000 *ped. geom. hoc eſt*, *ſuperficies Oceani* D *ſub æquatore*, *quantitate* DQ = mB = 4000 *ped. geom. centro telluris* T *propior*

SCHOLION.

erit quàm superficies B *vel* E *ejusdem Oceani sub latitudine* QB 50°. *Jam sit fundi Oceani intersectio, non linea horizontalis vera* GF, *sed quomodocunque variè inclinata* KFK. *Quod si loco hujus fundi, supponatur fundus horizontalis per* K *&* K *transiens, & per tubum apertum perpendicularem* KG *cum fundo horizontali* GT *communicans, erit gravitas specifica sub æquatore* D (7) *ad gravitatem specificam sub parallelo* B (5) *ut hujus columnæ altitudo* GB 14000 *pedum, ad altitudinem columnæ* FD 10000. *pedum sub æquatore. Jam verò per leges hydrostaticas perindè est, sive pars Oceani* KB *cum horizontali* GF *communicet per tubum perpendicularem* KG, *sive per tubum quomodocunque inclinatum ejusdem altitudinis* KG, *qualis reverà est fundus Oceani*

D, sous l'équateur sera plus près du centre de la terre T, que la superficie du même Ocean en B, de toute la distance MB = à DQ = 4000 pieds geometriques.

Soit encore supofé que le fond de l'Ocean n'est pas horisontal, mais irregulier comme le represente la ligne KEK. Si alors on supose aussi un tuyau recourbé descendant de K en G, & s'étendant vers F au fonds de l'Ocean, qui repond sous D, pris sous l'équateur : suivant les suppositions précedentes, les gravités specifiques étant comme 7 à 5, la hauteur de la colomne d'eau GB sera à la hauteur d'une autre colomne FD, comme 7 à 5, ou comme 1400 pieds geometriques sous la latitude 50, à 1000 pieds sous l'équateur. Mais comme dans l'hydrostatique les liqueurs suivent les mêmes loix, & s'élevent à la même hauteur perpendiculaire, soit que le tuyau communiquant soit perpendiculaire ou incliné, il s'ensuit que quel que soit le fond de la mer, horisontal ou diversement incliné à l'horison, la demonstration est toûjours la même.

KFK; *erit etiam nunc gravitas specifica sub æquatore* (7) *ad gravitatem specificam sub parallelo* B (5) *ut hujus columnæ altitudo* GB 14000 *pedum ad altitudinem columnæ* FD 10000 *pedum sub æquatore.*

§. XIII.

COROLL. 5.

Donc quand même la mer couvriroit l'équateur & les poles, le diametre de la terre d'un pole à l'autre seroit plus grand qu'un autre diametre passant par deux points de l'équateur, & la mer ne laisseroit pas d'être en équilibre.

Diameter ergo telluris per æquatorem ducta, notabilitèr minor erit axe, seu diametro per polos transeunte, quamvis utrâque in Oceano desinat.

§. XIV.

COROLL. 6.

C'est pourquoi, puisque pour la vraye figure de la terre, il ne faut faire attention qu'à celle que prend la surface de la mer, &

Quare, cùm in quæstione de vera telluris figura, præcipuè ad figuram, quâ superficies Oceani gaudet, respiciendum sit, quando qui-

dem superficies continentis mari adjacente depressior esse nequit, sed potiùs eodem semper altior est (§. 2. n. 3. & 4.) etsi montium non habeatur ratio; manifestum est tellurem sphæram non esse, sed fortè sphæroïdes, aut aliud corpus gibbosum, cujus axis notabilitèr major est diametro æquatoris.

& jamais à celle des continens & des terres qui sont toûjours plus élevées, & fort irrégulierement, comme il a été prouvé §. 3. & 4.) il est évident que la terre n'est point sphérique, mais sphéroïde, ou quelqu'autre figure courbe, dont le plus grand diamétre passe par les poles.

§. XV.

Schol. I. *Sphæroïdicam ejusmodi figuram telluri attribuit Cl.* Eisenshmidius, *Professor Matheseos Argentoratensis*, (g) *eandemque sententiam suam fecit Cel.* Cassinus, *haud dubiè permotus observationibus magno studio acquisitis, cùm* $7\frac{1}{2}$ *gradus meridiani in tellure, jussu Regis, dimensus esset.* (h) *Cæterùm,*

Le celebre Eisenshmidius, Professeur en Mathematiques à Strasbourg, a donné cette figure de sphéroïde à la terre; le celebre Cassini a adopté le même sentiment, convaincu par des observations très-exactes qu'il a faites, en mesurant, par ordre du Roy, sept degrés & demi du me-

(g) In Diatribe de figura telluris elliptico-sphæroïde. Conf. Acta Erud. Lipf. An. 1691. *pag.* 315.

(h) Memoires de l'Academie Royale des Sciences. An. 1701. *pag. m.* 237.

ridien qui traverſe la France. Ce que j'ai dit dans le Paragraphe onze que la ſurface de la terre eſt plus baſſe vers l'équateur que vers les poles, ſe confirme encore par un grand nombre d'obſervations faites ſur le cours des fleuves. Dans l'Empire du Mogol, près des frontieres de la Chine, eſt un grand Lac qui donne naiſſance à quatre grands fleuves très-conſiderables, qui tous vont ſe rendre directement dans la mer des Indes, du ſeptentrion au midi. Le premier, qui s'appelle Caor, a ſon embouchure à Bengala ; le quatriéme, nommé Odia, a la ſienne à Siam. Le cours du premier eſt de 150 milles d'Allemagne ; celui du quatriéme eſt d'environ 300. D'où il ſuit que la mer des Indes près de Ben-

cùm in §. 11. *oſtenderim, ſuperficiem Oceani* D *verſùs æquatorem, multò depreſſiorem eſſe cæteris Oceani locis* B *ab æquatore remotioribus, notari velim, idem magnâ obſervationum, licèt adhuc rudiorum, copiâ, quas curſus fluminum ſuppeditat, confirmari poſſe.* e. g. *In imperio Mogolis, haud procul Chinæ finibus, datur ingens lacus, quatuor ingentibus fluviis originem præbens, qui omnes rectâ ferè viâ à ſeptentrione verſùs meridiem, adeòque verſùs æquatorem, tendentes in Oceanum Indicum exonerantur ; primus quidem* Caor *nomine, ad* Bengalam ; *quartus, ad urbem Siamenſem,* Odia : *ille* 150. *hic* 300. *circitèr mill. Germ. intereà emenſi. Ex quo, veſtigia in* §. 4. *oſtenſa ſequendo, conficitur, mare Indicum propè* Bengalam, *reſpectu dicti lacus, depressius esse quantitate* $\frac{1.150}{200} = \frac{15}{20} = \frac{3}{4}$ *mill. Germ. ejusdem verò maris Indici locum propè* Odiam, *eodem respectu, depressiorem esse, quantitate* $\frac{1.300}{200} = \frac{3}{2} = \frac{6}{4}$ *mill. Germ. Consequentèr hujus maris locus posterior, cujus latitudo borealis saltem est* 14°. 18′, *depressior est loco priore, cujus latitudo* B. *est circitèr* 22°, *& quidem quantitate* $\frac{6}{4} - \frac{3}{4} = \frac{3}{4}$ *mill. Germ. Hic igitur in Oceano Indico, inter gradum latitudinis* B. 22 *&* 14 *iter faciendo, reverà ad centrum telluris propiùs acceditur, quantitate* $\frac{3}{4}$ *mill. Germ. Cum qua observatione hypotesis Cassiniana satis benè; sphæricitas maris vulgò assumta satis malè; hypotesis denique Newtoniana pessimè omnium convenit.*

gala est plus basse à l'égard du Lac de trois quarts de mille Germanique, & que l'endroit de cette même mer près de l'Odia est plus bas que le Lac de $\frac{3}{2}$ mille d'Allemagne; par consequent ce dernier lieu, dont la latitude septentrionale est de 14 degrés 18. minutes, est plus bas que le lieu précedent, dont la latitude septentrionale est d'environ 22 dégrés, la difference de la hauteur étant de trois quarts de mille geometrique; par consequent dans la mer des Indes entre les degrés 22 & 14 la surface de la terre est plus près du centre du globe de $\frac{3}{4}$ d'un mille Germanique, ce qui s'accorde assez bien avec l'hypotese de Monsieur Cassiny, & point du tout avec celle de Newton.

§. XVI.

De même, j'ai trouvé que la surface du golphe de Finlande, proche de l'embouchure de la Neva, est bien plus haute que celle de la mer Caspienne, proche de l'embouchure du Volga. Pierre I. a joint par le moyen d'un canal de cinq milles d'Allemagne le golphe de Finlande avec la mer Caspienne : le milieu de ce canal est sous le 57e degré 20 minutes de latitude, & le 53. 15 minutes de longitude; la latitude de l'embouchure du Volga est de 45 degrés 40 minutes, la longitude est de 68 degrés 40 minutes; la latitude de l'embouchure de la Neva est de 59 degrés 20 minutes, sa longitude de 46 degrés

Similitèr deprehendi, superficiem sinûs Finnici propè ostium Newæ, superficie maris Caspii propè ostium Wolgæ, *multò altiorem esse, quàm quis facilè credere posset. Nimirùm* Petrus I. *Russorum Imperator, sinum Finnicum conjunxit cum mari Caspio, ope canalis* 5 *mill. Germ.* (i) *medius hujus canalis locus situs est sub latitudine* 57°. 20', *&* *sub longitudine* 53°. 15'. *Ostii autem* Wolgæ *latitudo est* 45°. 40', *longitudo* 68°. 40', *Ostii denique* Newæ *latitudo est* 59°. 20', *longitudo* 46°. 10'. *Jam ex medio memorati canalis loco, continuò secundùm decursum fluminum* Twertsæ *&* Wolgæ *deorsùm navigando, post viam* 405 *mill. Germ. con-*

Schol. 2.

(i) *Vid.* Anonimi vita & res gestæ Petri I. Russorum Imperatoris, Germanicè edita, *Pag.* 288. 289.

fectam, devenitur ad superficiem maris Caspii propè ostium Wolgæ, *& ex eodem illo canalis loco, itidem continuò deorsùm navigando, ope fluminis* Sna, *lacûs* Mstim, *fluminis* Msta, *lacûs* Ilmen, *fluminis* Wolchowa, *lacûs* Ladogæ *& fluminis* Newæ, *post viam 90 mill. Germ. confectam, pervenitur ad superficiem sinûs Finnici propè ostium* Newæ. *Quòd si igitur ille canalis locus sit terminus à quo communis, sumaturque mensura declivitatis mediæ fluminum* $\frac{A}{L} = \frac{1}{200}$; *reperitur minimùm integra ostii* Wolgæ *declivitas* $= \frac{1 \cdot 405}{200} = \frac{81}{40} =$ $= 2\frac{1}{40}$ *milliar. Germ.* $=$ $= 40000 + 500 = 40500$ *ped. geom. integra verò ostii* Newæ *declivitas minimùm prodit* $= \frac{1 \cdot 90}{200} = \frac{9}{20}$ *milliar. Germ.* $= \frac{9 \cdot 20000}{20} = 9000$ *ped. geom. Consequentèr erit differentia declivitatum* $=$

10 minutes. Du milieu de ce canal, on descend jusqu'à la mer Caspienne, après une route de 405 milles d'Allemagne, par les fleuves Tivere & Volga : Du même milieu de ce canal, on descend à la surface du golphe de Finlande, après un chemin de 90 milles d'Allemagne par le fleuve Sna, le lac Mstim, le fleuve Msta, le lac Ilmen, le fleuve Wolchoiva, le lac Ladoga & la Neva. Si l'on prend donc le milieu de ce canal comme le terme commun & la mesure de la déclivité comme 1 à 200, on trouvera que la déclivité de l'embouchure du Volga est de 40500 pieds geometriques, la déclivité de l'embouchure de la mer de 9000 pieds geometriques : la difference de ces déclivités est de

31500 pieds geometriques qui reviennent à $1\frac{1}{2}$ mille d'Allemagne : donc la mer Caſpienne à l'embouchure du Volga eſt plus baſſe que l'embouchure de la Neva dans le golphe de Finlande de cette même quantité, quoique la mer Caſpienne ſoit, comme toutes les autres mers fermées, très-élevée, beaucoup plus haute que le Pont-Euxin, & beaucoup plus encore que la mer Mediterranée, comme il paroîtra dans les Scholies ſuivantes.

$40500 - 9000 = 31500$ *pedum geom. hoc eſt, oſtia* Wolgæ *in mari Caſpio, depreſſiora ſunt oſtio* Nevæ *in ſinu Finnico, quantitate* 31500 *pedum. geom, ſeu* $1\frac{11500}{20000}$ *mill. ſeu* $1\frac{1}{2}$ *mill. Ger. & amplius, etſi mare Caſpium, tanquam mare clauſum, ſit ex editiorum marium genere, & haud paulò altique mari Nigro, multò magis altius mari Mediterraneo, uti ex Scholio ſequenti patebit.*

§. XVII.

Le même Empereur Pierre I. fit faire auprès du lac Ivanozero, un canal de communication, entre le golphe de Finlande & la mer d'Azoph. Si l'on commence à compter du lieu où ce canal eſt joint

Porrò idem Imperator Petrus I. *per novum canalem propè lacum* Ivanozero *effectum, ſinum Finnicum etiam cum mari Aſſowico conjunxit.* (k) *Sit itaque canalis prior* §. 16. *deſcriptus, terminus à quo communis*; SCHOL. 5.

(k) *Vid.* Vita Petri I. Ruſſorum Imperatoris. *Pag.* 288.

erit via declivis per Twertsam *&* Wolgam *usque ad confluentes* Occæ $=$ 132 *mill. Germ. Deindè sequitur via acclivis per* Occam *&* Uppam, *usque ad posteriorem canalem propè lacum* Ivanozero (*fontium loco* Tanaï *inservientem*) $=$ 104 *mill. Germ. quorum numerorum differentia dat viam saltem declivem* $132 - 104 = 28$ *mil. Germ. Ab hoc deniquè canale sequitur via declivis per* Tanaim *usque ad mare Assovicum* $=$ 240 *mill. Germ. Cùm verò, ob ingentem Tanaïs rapiditatem satis cognitam, in eo sumi circiter debeat* $\frac{A}{L} = \frac{1}{100}$*: Reperietur integra declivitas inter canalem priorem ad* Twertsam *atque inter ostia* Tanaïs $= \frac{1 \cdot 28}{200} + \frac{1 \cdot 240}{100} = \frac{28 + 480}{200} = \frac{508}{200} = 2\frac{1}{2}+$ *mill. Germ.* $=$ 50000 *ped. geom. & ampliùs. Sed integra declivitas ab illo canale usque ad*

au précedent (§. 16) la longueur de son cours par la Tivere & le Volga jusqu'au conflant de l'Occa, est $=$ 132 milles German. au contraire le chemin qui remonte par l'Occa jusqu'au dernier canal près du lac Ivanozero, d'où sort le Tanaïs, est $=$ 104 milles Germaniques; ainsi la difference du cours est $132 - 104 = 28$ milles d'Allemagne. De là il s'ensuit que depuis ce canal, le cours des eaux en passant par le Tanaïs jusqu'à la mer d'Azoph, est $=$ 240 milles d'Allemagne; mais on doit compter dans le Tanaïs la mesure de la déclivité comme 1 à 100 à cause de la rapidité prodigieuse de ce fleuve; on trouvera donc que la déclivité depuis le premier canal jusqu'à l'embouchure du Tanaïs eſt de 50000 pieds geometriques & plus, & la déclivité depuis ce canal juſqu'à la Neva a été trouvée de 9000 pieds geometriques (§. 16.) Donc la mer d'Azoph, à l'embouchure du Tanaïs, eſt plus baſſe que l'embouchure de la Neva dans le golphe de Finlande de la difference de ces déclivités ; c'eſt-à-dire, de 41000 pieds geometriques ; c'eſt pourquoi comme l'embouchure du Volga eſt plus baſſe que celle de la Neva de 31500 pieds geometriques (§. 16,) il s'enſuit que la mer d'Azoph proche l'embouchure du Tanaïs, eſt plus baſſe que la mer Caſpienne proche du Volga de la difference de ces quantités ; c'eſt-à-

oſtium Newæ *erat* = 9000 *ped. geom.* (§. 16.) *Ergo reſpectu oſtii* Newæ, *oſtium* Tanaïs *in mari Aſſowico, depreſſius erit* 50000 − 9000 = 41000. *ped. geom. Quare cùm oſtia* Wolgæ, *reſpectu oſtii* Newæ, *depreſſiora ſint* 31500 *ped. geom.* (§. 16.) *ſequitur mare Aſſowicum propè Tanaim, depreſſius eſſe mari Caſpio propè Wolgam, quantitate* 41000 − 31500 = 9500 *ped. geom. Ulteriùs, quia aqua maris Aſſowici, per Pontum Euxinum, Boſphorum Thracium, Propontidem & Helleſpontum, ſenſibili celeritate decurrit in mare Ægæum* (l) *adeò ut horum marium particularium aquæ pro admodùm lato flumine declivi haberi debeant ; ſitque via, licèt breviſſima, inter oſtia Tanaïs*

(l) *Vid.* Ludov. Ferdin. Marſilii Obſervationes de Boſphoro Thracio, *pag.* 24 - 28. quæ recenſentur in actis. Er. Leipſ. in tom. I. Suppl. p. 208.

atque Hellespontí = 12° *circuli maximi* = 180 *mill. Germ. sumtâ in his maribus saltem* $\frac{A}{L} = \frac{1}{400}$ *erunt, respectu ostiorum Tanaïs, ostia Hellesponti depressiora, quantitate* $\frac{1 \cdot 180}{400} = \frac{9}{20}$ *mill. Germ.* $= 9 \cdot \frac{20000}{20} = 9000$ *ped. geom. Tandem, quoniam aqua ex ostiis Hellesponti per mare Ægæum, inter Candiam & Moream, decurrit versùs fretum Gaditanum* (*quod ipsum in* §. 58. *evidentèr ostendetur*,) *sumatur in mari Mediterraneo propè Moream locus, cujus latitudo est* 34°. 20′, *longitudo autem eadem quæ ostii Newæ, nempè* 46°. 10′, *Cùm inter ostia Hellesponti & inter dictum maris locum, sit via maris* = 10° *circuli maximi* = 150 *milliar. Germ. assumtâ nunc saltem* $\frac{A}{L} = \frac{1}{600}$, *nihilominùs esse maris Mediterranei locus, respectu ostiorum Helles-*

dire, de 9500 pieds geometriques. De plus comme les eaux de la mer d'Azoph se dégorgent dans l'Archipel avec une vitesse sensible par la mer Noire, la mer de Marmara; & que par consequent on peut regarder ces mers particulieres comme des fleuves très-larges, & qui ont un penchant; que d'ailleurs le chemin le plus court entre l'embouchure du Tanaïs & celle de l'Hellespont, est de 12 degrés d'un grand cercle; c'est-à-dire, de 180 milles d'Allemagne; si l'on prend dans ces mers 1 à 400 pour la mesure de la déclivité: l'embouchure de l'Hellespont sera plus basse que celle du Tanaïs de 9000 pieds geometriques. Enfin puisque les eaux se dégorgent par l'Archipel entre Candie & la Morée, &

ont une pente vers le détroit de Gibraltar, comme on le prouvera dans le Paragraphe 181. Imaginons dans la mer Mediterranée un lieu voisin de la Morée, dont la latitude soit de 44 dégrés 20 minutes, la longitude la même que celle de l'embouchure de la Néva ; sçavoir, de 46 dégrés 10 minutes : puisque entre l'embouchure de l'Hellespont & le lieu que nous suposons, il y a environ dix dégrés d'un grand cercle, c'est-à-dire, 150 milles d'Allemagne prenant maintenant 1 à 600 pour la mesure de la déclivité, ce lieu suposé de la mer Mediterranée sera plus bas que les bouches de l'Hellespont de 5000 pieds geometriques : c'est pourquoi ce lieu de la mer mediterranée étant

ponti, erit depressior quantitate $\frac{1 \cdot 150}{600} = \frac{1}{4}$ *mill. Germ.* = 5000 *ped. geom. Unde, cùm hicce maris Mediterranei locus sit cum ostio Newæ in eodem meridiano, differentia latitudinum* = $59^{\circ}.\ 20'$, $- 34^{\circ}.\ 20'$, = 25° *existente ; patet sub eodem meridiano, dictum locum in mari Mediterraneo, respectu ostii Newæ, depressiorem esse, minimùm quantitate* 41000 + 9000 + 5000 = 55000 *ped. geom.* = $2\frac{3}{4}$ *mill. Germ. Quòd si ex hac proportione, ac si per integrum quadrantem constans foret, ruditèr determinare velles, quantùm sub eodem meridiano locus Oceani sub æquatore depressior sit loco Oceani sub polo ; prodiret, semidiametrum æquatoris semi-axe telluris breviorem esse, quantitate* $\frac{900}{250} \cdot 2\frac{3}{4}$ *mill. Germ.* = $\frac{18}{5} \cdot \frac{11}{4}$ = $\frac{198}{20}$ = $\frac{99}{10}$ = $9\frac{9}{10}$ *mill. Ger.* = $99 \cdot \frac{20000}{10}$ = 198000 *ped.*

geom. si tamen dicendum, quod res est, calculus iste equidem propè littora magnæ continentis sic satis valere posse videtur, in ipso medio autem loco inter duas magnas continentes, e. g. *inter Asiam & Americam, item inter Europam & Americam interjecto, haud dubiè nimiùm in defectu peccaret, uti ex* §. 65. *elucescet.*

dans le même meridien que la Néva, & la difference des latitudes étant de 25 dégrés, il suit qu'il est plus bas que cette même embouchure de 41000 + 9000 + 500 pieds geom. ou de 2 ¾ milles d'Allemagne. Si donc on vouloit se servir de cette proportion de 25 degrés à 2 ¾ milles d'Allemagne, on pourroit déterminer grossiérement que le semidiamétre de la terre sous l'équateur est plus court que la moitié de son axe, de 198000 pieds geometriques; cependant il faut convenir que ce calcul qui peut avoir lieu proche des rivages d'un grand continent, ne seroit pas juste dans des lieux situez entre deux grands continens, par exemple, entre l'Asie & l'Amerique, comme nous prouverons dans le Paragraphe 65.

§. XVIII.

SCHOL. 4. *Cùm istæ de cursu fluminum observationes sint saltem rudiores; longè plures earum mihi colligendas, & ad calculum revocandas esse duxi,*

D'autant que les observations précedentes tirées du cours des fleuves, ne sont pas de la derniere précision, j'ai cru qu'il étoit à propos de les fortifier par un grand nombre d'autres, qui prouvent toutes unanimement. 1°. Que la mer eſt plus élevée vers les poles que vers l'équateur. 2°. Que les mers orientales ſont plus élevées que celles qui ſont vers l'occident ; cette ſeconde regle neanmoins ſouffre exception en quelques lieux de l'Ocean, par exemple ſous le meridien de Panama, des Maldives & du Cap de Bonne Eſperance, comme on verra dans le Paragraphe 65. mais je ne donnerai ici que le réſultat de ces calculs, afin d'éviter la prolixité. J'ai trouvé dans la mer Baltique, 1°. Que l'embouchure de le Divina eſt plus baſſe que celle de la Néva, de 3000 pieds geometriques. 2°. L'embouchure de la Viſtule eſt

ut apparere poſſit, an omnes calculi in eo conſentiant, quòd, ſub eodem meridiano, locus ejuſdem maris borealior, ſit altior auſtraliore ; itemque quòd, ſub eodem parallelo, locus ejuſdem maris orientalior, ſit altior occidentaliore. Quod cùm feciſſem, nullum in his rebus diſſenſum reperire potui, niſi quòd poſterior propoſitio in paucis Oceani univerſalis locis, nempè ſub meridiano circitèr Panamico & Maldivarum, & Promontorii bonæ Spei, exceptionem patiatur, imò ex ſatis obvia ratione pati debeat, uti infra §. 65. oſtendam. Ne tamen nimis in hoc negotio prolixus ſim, exitus ſaltem aliquot ejus generis calculorum hìc adjicere libet. Nimirùm in mari Baltico deprehendi.

1° *In comparatione ad oſtium Nevæ, oſtium Divinæ (propè Denemundam) depressius esse 3000 ped. geom.*

2°. *In comparatione ad ostium fluminis Niemen, seu Russ, propè Memelam, ostium Vistulæ depressius esse* 2000. *ped. geom.* = $\frac{1}{10}$ *mill. Germ. Undè, cùm distantia inter Memelam & ostium Vistulæ sit* 40 *circitèr mill. Germ. collegi mensuram declivitatis mediæ aquarum in mari Baltico, ab oriente versùs occidentem, seu* $\frac{A}{L}$ *propemodùm esse* = $\frac{\frac{1}{10}}{40}$ = $\frac{1}{400}$, *quæ est subdupla declivitatis mediæ fluminum.* (§. 4.)

3°. *Ostium Travæ in mari Baltico, & ostium Albis in mari Germanico, sunt sub eodem parallelo* 54°. 20′, *sed illud orientalius, hoc occidentalius. Hìc deprehendi ostium Albis altero depressius esse* 3200 *ped. geom. ferè* = $\frac{1}{6}$ *mill. Germ. Ex quo etiam apparet, mare Balti-*

plus basse que celle du Niemen, proche de Memela, de 2000 pieds geometriques = $\frac{1}{10}$ de mille d'Allemagne; & la distance de Memela à l'embouchure de la Vistule étant de 40 milles d'Allemagne, il s'ensuit que la mesure de la déclivité moyenne des eaux dans la mer Baltique de l'orient vers l'occident, est d'environ $\frac{\frac{1}{10}}{40}$ = $\frac{1}{400}$. 3°. L'embouchure de la Trava dans la mer Baltique, & celle de l'Albis dans la mer du nord sont sous le même parallele 54°. 20′, mais la premiere plus orientale que la seconde. L'embouchure de l'Albis est plus basse que celle de la Trava de 3200. pieds geom. d'où il paroît que la mer Baltique est plus élevée que la mer du nord qui est dans le même parallele.

4°. En France, l'embouchure de la Loire eſt plus baſſe que celle de la Seine de 1000 pieds geometriques & plus. 5°. En Eſpagne, le Tage & le Jucar ont leur embouchure à peu près ſur le même parallele 39°. cependant celle du Tage qui eſt plus occidentale, eſt plus baſſe que celle du Jucar de 7500 pieds geometriques, leur diſtance étant de 120 milles d'Allemagne = 120. 20000 = 2400000 pieds geom. Je concluds qu'en cette partie de la terre la déclivité de l'occident à l'orient eſt de $\frac{1}{320}$. mais l'embouchure de l'Ebre eſt plus baſſe que la mer de Biſcaye près de Santillane au moins de 7650 pieds geom. Au reſte il eſt bon d'obſerver que ſi la déclivité moyenne des fleuves A:L = 1: 200 l'an-

cum altius eſſe mari Germanico in eodem ſcilicèt parallelo.

4°. *In Gallia, oſtium Ligeris, in comparatione ad oſtium* Sequanæ, *depreſſius eſſe* 1000. *ped. geom. & ampliùs.*

5°. *In Hiſpania, oſtia Tagi atque fluminis Xucar ſunt ferè ſub eodem parallelo* 39°. *Nihilominus deprehendi, eorum occidentalius, nempè oſtium Tagi altero depreſſius eſſe* 7500 *ped. geom. Undè cùm horum locorum diſtantia ſit* 120 *mill. Germ.* = 120. 20000 = 2400000 *ped. geom. collegi, in his locis declivitatem versùs occidentem, ſeu* $\frac{A}{L}$ *circitèr eſſe* = 1 : 320.

6°. *In comparatione maris Cantabrici propè Santillanam, oſtium Iberi illo loco minimùm depreſſius eſſe* 7650 *ped. geom.*

Cæterùm notandum eſt, pro menſura declivitatis mediæ

fluminum A : L = 1 :200, *saltem reperiri angulum declivitatis alvei* = 0°. 17′, 12″ ; *pro ratione autem* A : L = 1 : 400, *eundem angulum esse* = 0°, 8′, 36″ +.

gle que forme cette déclivité avec l'horison vrai est = 0°, 17′, 12″, mais si A:L = 1:400, cet angle de déclivité sera = 0°, 8′, 36″.

§. XIX.

OBSERVAT. 3. *Si vasculum ex dura materia paratum, intùs album, quali ad potum theæ sorbendum utimur, aquâ limpidâ ad unius aut sesqui digiti altitudinem repletum, soli æstivo exponatur, intra 3. vel 4. horarum spatium aqua omnis evaporasse observabitur. At in fossa aut stagno, cujus præsertim fundus mollis est, & obscurioris coloris, profunditate plurium pedum existente, altitudo aquæ intra quatuor, imò duodecim horas ferè nihil, intra plurium dierum aut mensium æstivorum spatium parùm notabilitèr decrevisse reperitur.*

Si l'on se sert d'un petit vase fait de quelque matiere dure, comme une tasse par exemple ; & que l'on y mette de l'eau claire à la hauteur d'un ou deux travers de doigts, & qu'on l'expose au Soleil en Eté, on verra que toute l'eau s'évaporera dans l'espace de 3. à 4. heures. Mais dans un fossé ou dans un étang, sur tout si le fonds est mou & d'une couleur obscure, & de plusieurs pieds de profondeur, l'eau dans l'espace de quatre heures, même de douze, n'aura presque pas diminué, & peu considerablement dans celui de plusieurs jours, & même plusieurs mois d'Eté.

§. XX.

COROLL. I.

Par consequent, toutes choses égales, la quantité d'eau évaporée est beaucoup moindre, si l'eau est bien profonde, que si elle l'est moins ; comme aussi lorsque le fonds est mou & obscur, que lorsqu'il est dur & blanchâtre.

Ergo, cæteris paribus, evaporatæ aquæ quantitas multò minor est, si aqua profunda magis fuerit, quàm si minùs profunda ; itemque si fundus mollis atque obscurior fuerit, quàm si durus atque albicans existat.

§. XXI.

SCHOLION.

On n'a pas grand'peine à rendre raison de cette difference : car lorsque l'eau est plus profonde, les mêmes raïons solaires sont épars dans une plus grande masse d'eau, & lorsqu'elle est moins profonde dans une moindre : & que dans ce dernier cas l'effet de communiquer la chaleur à l'eau & de la faire monter en vapeurs, doit être plus lent & moindre. C'est

Rationem hujus diversitatis, haud difficultèr assignare licet. Si enim aqua profunda magis fuerit, iidem radii solares per majorem aquæ massam distribuuntur, qui in altero casu in minorem massam agunt. Quòd autem in illo casu effectus calefaciendi & aquam ad exhalationem disponendi, tardior atque minor esse debeat, quàm in casu diverso, id vel ex re culinaria satis manifestum est. Similiter si fundus mollis est & obscurus, pauci radii solares per reflexionem in aquam agunt, cæteris in materiam fundi penetrantibus; fundo autem duro atque albo existente, radii multò plures à fundo versùs aquam reflectuntur. Notum autem est, radiis incidentibus & reflexis simul agentibus, calorem corporis intendi, in casu altero minui.

ce que les Cuisiniers experimentent chaque jour. Pareillement si le fonds est mou & obscur, peu de rayons solaires agissent sur l'eau par reflexion, la plûpart pénetrent la matiere qui est au fonds, & s'y éteignent; tandis qu'au contraire le fonds étant dur & blanchâtre, une plus grande quantité de raïons est réflechie du fonds dans la masse de l'eau même; & l'on sçait que les raïons d'incidence agissant conjointement avec ceux de réflexion, la chaleur du corps sur lequel ils agissent, est plus grande, & moindre par consequent dans le cas opposé.

§. XXII.

COROLL. 2. *Undè cum marium, præsertim Oceani, profunditas plus millies excedat profunditatem stagni, aut lacûs, aut terræ pluviâ irrogatæ; & prætereà fundus maris plerùmque mollior & obscurioris coloris censeri debeat,*

D'où il s'ensuit que la profondeur des mers, sur tout de l'Ocean, surpassent plus de mille fois celle d'un étang, ou d'un lac, ou d'une terre imbibée d'eau; & d'ailleurs le fonds de ces mers étant d'ordinaire plus mou & d'une couleur plus obſcure que celui d'une terre imbibée, ou d'un étang, il s'enſuit, dis-je, qu'à ſuperficies égales, ſoit d'une mer, ſoit d'un étang, ſoit d'une terre imbibée, la quantité d'eau qui s'évapore de la mer, ſera peu conſidérable en comparaiſon de celle qui s'évaporera d'un étang, ou d'une terre imbibée, dans le même eſpace de tems.

quàm terræ irriguæ aut ſtagni: ſumtis ſuperficiebus in mari, in ſtagno atque in terra irrigua æqualibus, aquæ ex mari evaporatæ quantitas parvitatis contemnendæ cenſenda erit, in comparatione ad aquam ex ſtagno aut terrâ irriguâ eodem tempore evaporatam.

§. XXIII.

Joignez à cela, que toutes choſes égales, la chaleur de l'air ambiant qui cauſe l'évaporation, eſt toûjours plus forte ſur le continent, que loin du rivage, en pleine mer. Cela eſt évident par le Paragraphe 27. n. 2. Concluons donc contre le ſentiment de pluſieurs grands Phyſiciens, qui ont cru qu'il s'éleve plus de va-

SCHOL. *Accedit, quòd, cæteris paribus, calor aëris ambientis evaporationem promovens, ſuper terra continente ſemper intenſior ſit, quàm procul à littoribus ſuper mari vaſto. Cujus etiam rei ratio ex §. 21. n. 2. facilè perſpicitur. Invitis ergo obſervationibus à pleriſque magni aliàs meriti Phyſicis aſſumitur, ingentem admodùm ex Oceano, præſertim ſub zona torrida, aquæ quantitatem quotidiè evaporare ; haud dubiè decepti ex eo, quod ad istam diversitatis rationem (§. 19. 20. & 21.) animum non adverterunt.*

peurs de la mer que de la terre, & sur tout sous la zone torride, parce qu'ils n'ont pas assez fait attention aux raisons expliquées dans les Paragraphes 19. 20. & 21.

§. XXIV.

OBSERV. 4. *Mare Caspium æqualis ferè cum Ponto Euxino est amplitudinis, &, æquè ac hic, æstus marini expers, sed gradu salsedinis Pontum Euxinum multùm superat, ea in re ipsi aperto Oceano haud impar. Profunditas ejus, in alto reperitur* 60 *aut* 70 *hexapedarum, hoc est,* 360 *aut* 420 *ped. Parisinorum, & ampliùs ; distantiâ inter littus septentrionale & meridionale circitèr* 150 , *inter orientale & occidentale* 70 *aut* 80 *mill. Germ. existente. Idem à continente Asiæ & Europæ undique clausum est, neque tamen exundat,*

La mer Caspienne est presque de la même étenduë que le Pont Euxin ; comme lui sans flux ni reflux, mais beaucoup plus salée, ne le cedant pas à cet égard à l'Ocean même. Sa profondeur, en pleine mer, est de 60. ou de 70. toises, c'est-à-dire, de 360 ou 420 pieds de Paris, & davantage. La distance du rivage septentrional au meridional, est d'environ 150 milles d'Allemagne ; & celle de l'oriental à l'occidental, de 70 ou 80. Cette même mer Caspienne est de toutes parts fermée par le continent de l'Asie & celui de l'Europe: cependant elle ne déborde point, malgré la prodigieuse quantité d'eaux qu'elle reçoit sans cesse dans son lit, & qui lui sont portées par les fleuves de l'Europe & de l'Asie: & l'on peut juger de certe quantité d'eaux par le seul Volga, dont la longueur vers Astracan, où il est encore éloigné de la mer de 12 milles d'Allemagne, est cependant d'environ 2260 pieds. Mais on croit que près du rivage meridional, entre *Tabristan* & *Masanderan*, & près de la Ville de *Ferebath*, il y a un vaste gouffre, dans lequel l'eau s'abime sous les montagnes voisines. Il

licèt prodigiosam vim aquarum ex tot Europæ Asiæque fluminibus continuò advectam in alveo suo recipiat; de qua aquarum accessione, vel ex sola Wolga *judicare licet, cujus latitudo ad Astracanum, ubi adhuc 12 mill. Germ. à mari abest, 2260 pedum æstimatur. Creditur tamen haud procul littore meridionali, inter* Tabristan *&* Masandaran, *propè urbem* Ferebath, *ingens vorago esse, in quam aqua ruens sub proximos montes conditur* (m) *imò Philippus Aprilis, è Societate Jesu, disertè* (n) *testatur, propè Kilanum (veterum Hyrcaniam) esse binos gurgites formidabiles, immani fragore aquas sorbentes. Nec hoc silentio prætereundum est, quòd horum fluminum & maxima &*

(m) *Vid.* Vita & res gestæ Petri I. Russorum Imperatoris, Germanicè edita. *Pag.* 321. *seqq.*

(n) *In libello*: Voyage en divers Etats d'Europe & d'Asie, *pag.* 73... 76. Conf A. E. Lips. An. 1694. *P.* 63.

plurima ab orientis & septentrionis plaga in mare Caspium decurrant, ab cæteris plagis, præsertim à meridionali, paucissima & brevissimi cursûs flumina adventent; itemque quòd mare Caspium propè Ferebath, à sinu Persico propè Balsoram Arabiæ, 11 $\frac{2}{3}$ gradibus circuli maximi distet, & quòd exeunte mense Septembre, magna vis foliorum salicis sinui Persico supernatet, licèt salix arbor toti Persiæ meridionali sit incognita, cùm contrà Persia septentrionalis ad mare Caspium salice abundet. (o)

ne faut pas non plus passer sous silence, que les plus grands & la plûpart de ces fleuves coulent dans la mer Caspienne de la côte orientale & septentrionale, & que peu de fleuves, encore sont-ils d'un petit cours, s'y rendent des autres côtes, sur tout de la meridionale. N'oublions pas aussi que la mer Caspienne près de Ferebath, est éloignée du golphe Persique proche de Balsora en Arabie de 11 $\frac{2}{3}$ dégrez de grand cercle, & que sur la fin de Septembre une grande quantité de feüilles de saule surnage sur le golphe Persique, quoique cet arbre soit entierement inconnu dans toute la Perse meridionale; tandis qu'au contraire la Perse septentrionale en produit en abondance vers la mer Caspienne.

§. XXV.

COROLL. I. *Quoniam mare Caspium* Puisque la profondeur

(o) Eodem *Philippo Aprili* testante, loco citato.

de la mer Caſpienne eſt toûjours la même, il faut qu'elle perde continuellement autant d'eau qu'elle en reçoit continuellement des fleuves ; ſoit que cela ſe faſſe par évaporation, ou par des conduits ſouterrains (communément apellez gouffres de mer ;) car dans une mer fermée les évacuations ouvertes ne peuvent avoir lieu.

eſt in ſtatu manente (§. 24.) *neceſſe eſt ; ut idem tantundem aquæ continuò amittat, quantùm ipſi ex tot fluminum oſtiis continuò advehitur : ſive tandem id fiat per evaporationem, ſive per emiſſaria ſubterranea (quæ voragines maris appellari ſolent) cùm in mari clauſo emiſſaria aperta locum habere nequeant.*

§. XXVI.

COROLL. 2.

Puiſque par le calcul de l'Abbé Mariotte la Seine, qui comparée aux autres fleuves qui ſe rendent dans la mer Caſpienne, n'en fait que la deux centiéme partie, lui fournit 105, 120,000, 000 pieds cubiques de Paris dans l'eſpace d'un an, on peut pré-

Cùm per calculum Mariotti (p) *Sequana (at quam mediocre flumen in comparatione ad plus ducenties majus aggregatum* (q) *omnium fluminum ad mare Caſpium pertinentium)* 105, 120, 000, 000 *pedes Pariſinos cubicos aquæ intra annum mari ſuppeditet ; aſſumere*

(p) Traité du mouvement des eaux, *p.* 338. *ſeqq. edit. Lugdunenſis, an* 1717.

(q) *Vid.* Anonimi vita & res geſtæ Petri I. Ruſſorum Imperatoris, *Pag.* 322.

licet, flumina ista ordinariè intra annum ducenties tantùm, hoc est, 21'' 024, 000', 000, 000 pedes cubicos aquæ mari Caspio suppeditare, extra ordinem autem, quando diebus pluviosis & nivalibus mare tam directè, quàm indirectè per flumina altiùs solito inflata, augetur, hujus alterum tantùm preter propter accedere, ita ut intra annum aqua adventitia in mari Caspio censeri possit = 42'', 048, 000', 000, 000 *ped. cub. Paris. Porrò cùm hujus maris superficies sit* 150. 80 = 12000 *mill. Germ. quadratorum* (§. 24.) = 12000. 22917. 22917. = 6'', 302, 266', 668, 000 *ped. Paris. quadratorum; hac superficie maris per* 7 *circitèr pedes altitudinis multiplicatâ, demùm prodibit illa quantitas annua aquæ adventitiæ* 42'', 048, 000', 000, 000 *ped.*

sumer que ces fleuves fournissent dans un an à la mer Caspienne deux cens fois seulement, pour l'ordinaire, autant d'eau que la Seine; c'est-à-dire, 21'', 024, 000, 000, 000 pieds cubiques; & si nous suposons qu'il se décharge dans cette mer une quantité d'eau égale à la précedente lorsque les fleuves sont grossis par les pluies & par les neiges, cela ira dans l'espace d'un an à 24''. 028, 000, 000, 000 pieds cubiques de Paris. Au reste puisque la surface de cette mer est de 150. 80 = 12000 milles Germaniques en carré (§. 24.) = 12000. 22917. 229. 17 = 6'', 302, 266, 668, 000 pieds de Paris en carré: la surface de cette mer étant multipliée environ par sept pieds de hauteur, cela montera à cette quantité annuelle d'eau de 42. 048, 000, 000, 000, pieds cubiques : ſi c'étoit donc par la ſeule évaporation que la mer Caſpienne ſe déchargeât de l'eau qui s'y rend, il faudroit que cela allât annuellement juſqu'à la dépreſſion de ſept pieds au deſſous du niveau ordinaire, ſi les fleuves ceſſoient d'aporter de nouvelles eaux.

cubit. Quòd ſi igitur per ſolam evaporationem mare Caſpium ab aqua advectitia liberari ponamus, ea tanta ſtatuenda eſſet, quæ ſuperficiem ejus, quantitate 7 ped., infra libellam ordinariam intra annum deprimere poſſet, ſi ſcilicet omnis aqua adventitia intereà ceſſet.

§. XXVII.

C'eſt pourquoi le décroiſſement annuel de hauteur dans une mer ſi profonde, produit par la ſeule évaporation, ne pouvant être que fort peu conſiderable, & ſeulement de quelques pouces, comme nous l'avons prouvé cidevant, il s'enſuit que la hauteur de la mer Caſpienne ne peut pas être, conſtament la même, puiſ-

Unde cùm decrementum altitudinis annuum in mari tam profundo (§. 24.) à ſola evaporatione effectum, ſit parvitatis contemnendæ, & vix in digitis obſervabile futurum (§. 19. 22. 23.) mare Caſpium per ſolam evaporationem ad ſtatum manentem reduci nequit, conſequentèr in eo dantur emiſſaria ſubterranea, ſeu voragines, una, pluresve (§. 25.) per quas COROLL. 3.

in aliud mare depressius situm exoneratur. (§. 2.)

que l'évaporation ne suffit pas pour lui ôter la quantité d'eau que les fleuves lui aportent, & qu'il y a dans cette mer des conduits souterrains, ou des gouffres par lesquels elle se décharge dans une mer plus basse.

§. XXVIII.

SCHOL. *Certum igitur est, voragines in mari Caspio dari, sive eædem jam observatæ sint (quod Historicus Anonimus* §. 24. *dubitantèr asserit) sive minùs. Fieri enim potest, ut aut sub insulis, aut inter syrtes cautesque longè latèque navibus inaccessas, in tam amplo mari voragines dentur, ex nimia distantia inobservabiles. Quid? quòd voragines ita latè accipi oportet, ut ne excludantur voragines cæcæ, indè* e. g. *ortæ, si mare alicubi per solum glareosum* (Belgis Steen Grond) *in stratum subterraneum aliorsum declive, per innumeros meatus*

Il est donc certain qu'il y a des gouffres dans la mer Caspienne, & que l'Historien anonime de la vie de Pierre I. n'assure pas neanmoins positivement : il se peut faire qu'il y ait des gouffres sous les Isles, ou parmi les écüeils & les rochers inaccessibles aux vaisseaux, & par là, difficiles à être observés ; de plus il faut avoir égard aussi à d'autres especes de conduits souterrains, formés par des couches de cailloutage, (en Hollandois *Steen Grond*) par lesquelles l'eau suinte, pour ainsi dire,

& ſe filtre, & paſſe ainſi par mille petits canaux dans des lits ſouterrains, qui vont en penchant. De ſçavoir maintenant ſi toute l'eau abſorbée par le gouffre, eſt portée, telle qu'elle eſt, dans une mer plus baſſe; ou s'il lui arrive quelque changement dans ſa route, & qu'il n'en parvienne qu'une partie à cette mer plus baſſe, le reſte intercepté & converti à d'autres uſages, c'eſt ce que l'on ne peut pas aſſurer par cette ſeule obſervation.

anguſtos, quaſi diſtillat. An autem omnis aqua à voragine abſorpta, qualis erat, in mare depreſſius develatur; an mutatio in itinere ſubterraneo ipſi accidat, & pars ſaltem in mare aliud transferatur, cætera parte interceptâ, & in alios uſus converſâ, ex hac obſervatione ſola definiri nequit.

§. XXIX.

Coroll. 4.

Les fleuves de la Perſe qui ſe dégorgent dans la mer Caſpienne ſont en petit nombre, & leur cours n'eſt pas long : au contraire il y en a un grand nombre de très-conſiderables en largeur, qui vont ſe décharger dans la mer des Indes & dans le golphe Perſique, l'Euphra-

Cùm in Perſia pauca flumina, eaque brevioris curſûs, verſùs mare Caſpium, cætera multò longioris curſûs verſùs oceanum Indicum atque ſinum Perſicum declives ſint, (§. 24.) *cùm præterea vicinus Euphrates longiſſimo curſu, ferè indè à Ponto Euxino adventans, verſùs meridiem conſtanter directo itinere, in sinum Persicum exoneretur; imò aliunde satis constet, in hoc circitèr terrarum tractu loca australiora depressiora esse borealioribus (§ 15. 16. 17. 18.) manifestum est, collibus montibusque abstrahendo remotis, non omne solum Persiæ, indè à sinu Persico, sed mediocrem saltem Persiæ septentrionalis partem, versùs mare Caspium, cæteram longè maximam versùs sinum Persicum & oceanum Indicum declivem esse, excessu declivitatum ad meridionalem plagam spectante.*

te sur tout qui y coule, & dont sa source est assez près du Pont Euxin. Il est d'ailleurs prouvé que vers ces endroits de la terre sa surface est plus élevée vers le nord que vers le midi. (§. 15, 16, 17, 18.) Il est donc constant que faisant abstraction des montagnes, presque tout le terrain de la Perse a une pente vers le golphe Persique & la mer des Indes; & que l'autre partie, qui est la moins considerable, panche vers la mer Caspienne.

§. XXX.

COROLL. 5. *Mare igitur Caspium multò altius est sinu Persico, & in hunc per meatus subterraneos, sive cæci fuerint, sive aperti, exoneratur.* (§. 2. 27.)

La mer Caspienne est donc plus élevée que le golphe persique, & se dégorge dans ce golphe par des conduits soûterrains visibles, ou cachez sous les eaux.

§. XXXI.

COROLL. 6.

La mer Caspienne est au moins éloignée du golphe Persique de $11\frac{2}{3}$ dégrés d'un grand cercle = 175 milles d'Allemagne (§. 24) & les fleuves, tant les souterrains que ceux qui sont sur la surface de la terre, n'ayant pas un cours parfaitement droit, mais tortueux, par lequel ils se rendent utiles à plus de lieux de la terre, & afin d'éviter les cataractes : la proportion de la longueur de leurs cours tortueux à leurs cours supposés droits est à peu près comme 2:3, ainsi qu'il est prouvé par le cours du Danube. Nous concluons donc que la longueur du cours tortueux des canaux souterrains qui communiquent de la mer Caspienne au golphe Persique, est $\frac{3 \cdot 175}{2}$ = 262 mil-

Cùm via brevissima inter mare Caspium atque sinum Persicum, sit $11\frac{2}{3}$ graduum circuli maximi = 175 *mill. Germ.* (§. 24.) *flumina autem, tam superficialia quàm subterranea, non viam brevissimam, sed tortuosam sequi soleant, multò pluribus namque locis in hoc casu utilia futura, eoque ipso cataractas evitatura ; & prætereà in fluminibus ferè observetur esse via brevissima ad tortuosam, ut* 2 : 3 (*uti exemplo Danubii constat*) *licebit nunc ponere, longitudinem meatûs subterranei mare Caspium cum sinu Persico conjungentis, esse* $\frac{3 \cdot 175}{2} = \frac{525}{2} = 262$ *circitèr mill. Germ. Undè cùm in hoc meatu subterraneo, ne aqua nimis segnitèr fluat, declivitatis mensura* $\frac{A}{L}$ *vix videatur minor assumi posse quàm* $\frac{1}{4[illegible]}$;

consequitur mare Caspium propè urbem Ferebath, altius esse sinu Persico ad Balsoram, quantitate circitèr $\frac{1 \cdot 262}{400}$ = $\frac{131}{200}$ *mill. Germ.* = $\frac{131 \cdot 20000}{200}$ = 13100 *ped. Geom.*

les d'Allemagne. Supposons maintenant la déclivité de ce canal comme $\frac{1}{400}$, nous trouverons que la mer Caspienne, près de Ferebath, est plus haute que le golphe Persique, près de Balsora, de 13100 pieds geometriques.

§. XXXII.

SCHOLION. *Caterum, distantiam illam* 11 $\frac{2}{3}$ *grad. circuli maximi ita investigare licet, cùm in mappa Asiæ novissima situm maris Caspii, inter alia, emendatiùs exhibente, sit maris Caspii propè Ferebath longitudo* 83°, *latitudo* 39°; *sinus autem Persici propè Balsoram longitudo* 74°, *latitudo* 30°: *in globo terrestri artificiali, ope mediani ænei, cera notentur duo puncta istam longitudinem & latitudinem habentia. Horum distantia circino capta, & ad æquatorem globi applicata, ostendet distan-*

Il est facile de verifier ce qui vient d'être dit de la distance de la mer Caspienne au golphe Persique, que les plus nouvelles cartes, & les plus exactes, font de 11° $\frac{2}{3}$ d'un grand cercle. Pour le démontrer, la longitude de la mer Caspienne auprès de Ferebath, soit supposée comme dans les cartes de 83°, & la latitude de 39°. La longitude du golphe Persique près de Balsora de 74°, & la latitude de 30°. Si on pose les deux pointes d'un compas sur les points d'interſection des longitudes & latitudes de l'un & l'autre lieu, & qu'on meſure par ſon ouverture les dégrés du meridien, on trouvera à peu près 11° 40′; meſure dont l'exactitude ſuffit pour la diſcuſſion dont il s'agit, ſans en rechercher une plus exacte par la Trigonometrie.

tiam 11° ⅔ circuli maximi. Majori enim accuratione, per trigonometriam ſpericam obtinenda nunc opus non eſt.

§. XXXIII.

COROLL. 7.

La mer Caſpienne à l'embouchure du Volga, étant plus haute que la mer d'Azoph à l'embouchure du Tanaïs de 9500 p. geo. & plus haute encore (§.17) que la mer noire dont elle n'eſt pas plus éloignée que du golphe Perſique; il ſe peut donc auſſi qu'une partie de ſes eaux coule dans cette mer noire, par des conduits ſoûterrains. (§. 27.)

Cùm mare Caſpium ad Wolgam 9500 ped. geom. altius ſit mari Aſſovico ad Tanaim, multòque magis altius Ponto Euxino (§.17.) & vix tantùm ab hoc diſtet, quàm à ſinu Perſico; nihil obſtat quominùs colligamus, partem abundantis aquæ ex mari Caſpio in Pontum Euxinum quoque per meatus ſubterraneos, deponi. (§.27.)

§. XXXIV.

SCHOL. 1.

Il y a auſſi grande aparence qu'il en eſt de mê-

Neque dubitandum eſt, quin cæterorum marium clau-

ſorum (e. g. maris mortui, ferè procul dubio cum mari Rubro communicantis) ſimilis ſit conditio.

me de toutes les autres mers fermées; que la mer Morte, par exemple, communique avec la mer Rouge.

§. XXXV.

SCHOL. 2. *Cur potiùs utrumque (§. 30. 33.) quàm horum alterutrum ſaltem in rerum natura obtinere exiſtimem, inferiùs demùm (§. 132.) patebit, ubi de multiplici uſu, ad quem ejuſmodi canales ſubterranei deſtinantur diſſerendi occaſio dabitur.*

Nous dirons dans le §. 132 les raiſons qui nous portent à croire que la mer Caſpienne communique avec le golphe Perſique & avec le Pont Euxin, lorſque nous expliquerons les differens uſages auſquels ces canaux ſoûterrains ſont deſtinez.

§. XXXVI.

SCHOL. 3. *Cæterùm exiſtimandum non eſt, ſubterraneam maris Caſpii cum ſinu Perſico conjunctionem multò breviùs oſtendi poſſe ex eo, quod exeunte menſe Septembre, magna vis foliorum ſalicis ſinui Perſico ſupernatet, licèt ſalix arbor toti Perſiæ me-*

Au reſte, il ne faut pas croire que ce que l'on a dit ci-devant des feüilles de Saule qui nagent au mois de Septembre ſur le golphe Perſique, prouve la communication de la mer Caſpienne & de ce Golphe, quoique le Saule ſoit un arbre inconnu dans toute la Perse meridionale, & qu'il soit très commun dans la Perse septentrionnale aux environs de la mer Caspienne; car ces feüilles de Saule peuvent y être portées par l'Euphrate, le Tigre, ou quelques autres fleuves qui y coulent des côtes de l'Arabie.

ridionali sit incognita, cùm contrà Persia septentrionalis ad mare Caspium salice abundet (§. 24.) Ipse enim hinc ita inferre conabar, necesse esse, ut in mari Caspio dentur euripi, unà cum aqua abundante folia salicis absorbentes & in sinum Persicum usque deferentes, iidemque ubique satis ampli atque patentes, qui aquam Caspii, qualis est, advehant, sine ulla mutatione, quæ ipsi in tam longo itinere à calore subterraneo accidere, ac folia salicis destruere posset. At re propiùs examinatâ, intellexi, parùm roboris in ea demonstratione futurum, quam diù excipere licet, folia salicis, aut à vastis Arabiæ littoribus, aut ex Armenia, per Euphratem, Tigrim aliaque flumina cum his connexa, in sinum Persicum devolvi potuisse.

§. XXXVII.

OBSERVAT. 5.

L'occean Atlentique a un flux & reflux très-considerable, & la mer Mediterrannée n'en a point, si l'on excepte ce flux & reflux du golphe de Venise, qui re-

Oceanus Atlanticus fluxu & refluxu maris insigni agitatur, mare Mediterraneum non item, si exiguum æstum maris propè Venetias, aliumque propè Chalcidem ferè septies intra 24. horas recurrentem exceperis. (r) *Prætereà cùm Alexandriæ & Venetiis abitus redituſque navium in Diaria referantur, pluribus navigationibus curiosè inter se collatis, æquatione institutâ deprehensum est, quòd ab Alexandria solventes, & Venetias iter intendentes, hoc est, ab ortu versùs occasum navigantes notabilitèr minùs temporis insumant, quàm indè redeuntes, hoc est, ab occasu versùs ortum tendentes.* (s) *Similitèr, referente Cartesio,* (t) *navigationes magnæ multò tardiores sunt versùs orientem, quàm versùs occidentem.*

vient sept fois en 24 heures, & celui de Negrepont. On a fait au Caire & à Venise des journaux exacts du temps qu'ont employé les Vaisseaux dans leur route, & l'on a presque toûjours trouvé que les Vaisseaux qui partoient du Caire pour aller à Venise, c'est-à-dire, d'orient en occident, employoient beaucoup moins de temps que ceux qui alloient de Venise au Caire. Descartes assure aussi que les grandes navigations qu'on fait vers l'orient, demandent plus de temps que celles qu'on fait vers l'occident.

§. XXXVIII.

COROLL. I.

Mare igitur Mediterraneum continuò per fretum

Il suit donc que la mer Mediterrannée dégorge

(r) Plinio referente.
(s) Galilæus in Dialogo de sistemate mundi. *P. M.* 43
(t) In principiis Philosophiæ, *part.* 4. §. 53.

continuellement ſes eaux qu'elle a reçuës de tant de fleuves dans l'ocean Atlantique par le détroit de Gibraltar ; car il faut que la ſurface de l'ocean Atlantique ſoit de niveau avec la ſurface de la mer Mediterranée, ou bien qu'elle ſoit plus haute, ou plus baſſe. Si le premier ou le ſecond cas avoit lieu, la mer Atlantique communiqueroit à la mer Mediterranée un flux & reflux très-conſiderable par le détroit de Gibraltar; ce qui n'étant pas, il reſte que la ſurface de l'ocean Atlantique ſoit plus baſſe que celle de la mer Mediterranée, & conſequemment que les eaux de celle-ci coulent dans l'ocean Atlantique.

Herculeum in oceanum Atlanticum aquas indè ab Helleſponto & à tot fluminibus acceptas deponit. Aut enim 1°. ſuperficies oceani Atlantici æquè alta eſt cum ſuperficie maris Mediterranei; aut 2°. illa hac altior; aut 3°. hac depreſſior exiſtit: ſive primum ponatur, ſive ſecundum, oceanus Atlanticus fluxum & refluxum ſatis ingentem eodemque ferè tempore obſervabilem, per fretum Herculeum, eum integro mari Mediterraneo communicabit. Quod cùm experientiæ repugnet; (§. 37.) *relinquitur ut Oceani Atlantici ſuperficies depreſſior ſit ſuperficie maris Mediterranei. Conſequentèr hujus aquæ in oceanum Atlanticum continuò defluunt.* (§. 2.)

§. XXXIX.

Le lit de la mer Mediterranée, & celui de l'ocean

Alveus igitur tam maris Mediterranei, quàm oceani Corell. &.

Atlantici, ab oriente versùs occidentem declivis ſit, neceſſe eſt. (§. 2. *n.* 1. 4.)

Atlantique vont donc en panchant de l'orient vers l'occident. (§. 2. n. 1. & 4.)

§. XL.

SCHOLIUM. *Hæc apprimè conſentiunt cum iis, quæ jam in* §. 18. *n.* 3. *&* 5. *ex obſervationibus à curſu fluminum deſumptis, deduximus.*

Ceci s'accorde très bien avec ce que nous avons remarqué du cours des fleuves dans le §. 18. n. 3. & 5.

§. XLI.

COROLL. 3. *Undè mirum non eſt, magnas navigationes (in mari Atlantico & Mediterraneo) cæteris paribus, versùs occidentem celeriores, versùs orientem tardiores eſſe* (§. 37.) *cùm in poſtoriore caſu, adverſo; in priore autem, ſecundo amne navigetur.*

Il n'eſt donc pas étonnant que les grands voyages ſur les mers Atlantique & Mediterranée, à choſes égales, ſe faſſent en moins de tems, en allant vers l'occident que vers l'orient; car dans le ſecond cas on va en quelque façon contre le courant du fleuve, & dans le premier on le ſuit.

§. XLII.

SCHOLIUM. *Hinc etiam exiſtimatu facile eſt, à vero eos abher-*

Il eſt facile auſſi de voir le peu de fondement de

l'opinion de ceux qui prétendent que la mer Atlantique est de niveau avec la mer Mediterranée. On dit qu'autrefois Abyla, Calpé & quelques autres montagnes intermediaires, formoient une digue, qui retenoit l'Ocean; mais ces montagnes ayant été séparées les unes des autres, les eaux de l'Ocean entrerent avec impetuosité, & inonderent toutes les terres, ce qui a formé la mer Mediterranée; mais l'absurdité de cette opinion ne saute-t-elle pas aux yeux? Suposons que la mer Mediterranée soit entierement épuisée; que le détroit de Gibraltar soit fermé par des montagnes: qu'arrivera-t-il? Le lit de la mer Mediterranée ne se remplira-t'il pas en peu de temps par les eaux de tant

rasse, qui vano antiquitatis commento delusi, mare Atlanticum aquè altum esse cum mari Mediterraneo, sibi aliisque persuadere conati sunt. Ab antiquissimis enim temporibus (sic aiunt) traditum accepimus, ad fretum Herculeum, Abylam & Calpen cum minoribus aliis montibus continuam concretamque terram fuisse, quâ Oceanus excludebatur, sed cum isti montes quacunque tandem de causa discessissent, ac ab invicem separarentur, admissas aperto aditu marinas aquas tanto impetu irrupuisse, ut universo mari Mediterraneo terras inundarent. (u) *At! At! Nonne absurditas figmenti levi negotio agnoscitur? Fac enim mare Mediterraneum repentè exhaustum, fretumque Herculeum omninò obstructum esse, montibus satis altis*

(u) Galilæus in dialogo de systemate mundi. *p. m.* 41.

*vastisque oceano Atlantico oppositis. Quid futurum est? Nonne alveus maris Mediterranei brevi tempore replebitur, tot fluminibus ingentibus, Ibero, Rhodano, Pado, Nilo, &c. in eundem sese effundentibus, tantâ mole aquarum ab Hellesponto, continuò in eundem ruente? Sed quid dico, re*plebitur? *quin potiùs aqua Mediterranei paulatìm ad usque ostii Tanaïs altitudinem assurgens, magnam Europæ, Africæ & Asiæ partem inundaret, nisi novi in eo conderentur euripi, tantundem circitèr in aqua exoneranda præstantes quantùm nunc fretum Herculeum præstat. Tantùm abest, ut freto Herculeo obstructo & Mediterraneo repentè exhausto, spatium telluris nunc ab eodem occupatum, in terram continentem ac habitabilem abire posse.*

de fleuves considerables? L'Ebre, le Rhône, le Pô, le Nil, &c. par toutes les eaux de l'Hellespont? Même l'eau de la Mediterranée s'élevera peu à peu jusqu'à la hauteur de l'embouchure du Tanaïs, inondera une grande partie de l'Europe, de l'Asie & de l'Affrique, à moins qu'on ne supose des gouffres par lesquels les eaux se dégorgent, comme elles font à present, par le détroit de Gibraltar. Tant s'en faut que ce terrain ait jamais pû être sec & habitable.

S. XLIII.

OBSERV. 6. *Sinus & Archipelagus Mexicanus ab occidente, septentrione atque meridie*

Le golphe du Mexique est fermé du côté de l'occident, du septentrion &

du midi. Du côté de l'occident il l'est presque par les isles Antilles, Lucaies, Caraïbes, & par des rochers, des bancs de sable, des bas-fonds separez par des détroits peu profonds. Quoique ce golphe soit d'une profondeur & d'une grandeur mediocre, il reçoit plusieurs fleuves très-considerables, particulierement de l'Amerique septentrionale. Deplus dans l'Amerique septentrionale, l'endroit de la mer Atlantique près de Philadelphie est éloigné d'environ 60 milles de la Vasse, riviere de S. Laurens, dont le cours est au nordest, & de ce lieu il y a 300 milles d'Allemagne jusqu'à l'embouchure de cette riviere dans la mer Atlantique.

clausus est, versùs oceanum autem Atlanticum, hoc est, versùs orientem magno numero ipsi objiciuntur insulæ Antillæ, Lucayæ, Caribæ, &c. Syrtes, aliaque loca vadosa, (x) *fretis modicis & parùm profundis interjectis. In eundem, etsi modicæ amplitudinis profunditatisque sit, multa, præsertim Americæ septentrionalis, flumina ingentia exonerantur. Præterea in America septentrionali locus maris Atlantici propè Philadelphiam à latissimo Sancti Laurentii fluvio, inter septentrionis & orientis plagam progrediente, 60 circitèr milliaribus distat, dum intereà ex illo fluminis loco, post viam demùm circitèr 300. mill. Germ. navigando confectam, ad ostium fluminis in mari Atlantico situm pervenire licet.*

(x) Joannis van Keulen Zée-Kaasdt. Tab. 86.

§. XLIV.

COROLL. I. *Ergo locus maris Atlantici propè Philadelphiam altior esse videtur ostio fluminis Sancti Laurentii, minimùm quantitate* $\frac{3}{4}$ *mill. Germ. Nam si ex illo flumine canalis* 60 *mill. Germ. ad Phidelphiam ductus concipiatur, declivitate licèt ejus* $\frac{A}{L}$ *plus quàm modicà* $= \frac{1}{80}$, *suppositâ, pro flumine autem ipso saltem* $\frac{A}{L} = \frac{1}{200}$ *retentâ; reperitur locus maris Atlantici ad Philadelphiam, etsi occidentalior & australior sit, altior esse loco ejusdem maris orientaliori & borealiori propè ostium illud, quantitate* $\frac{1.\ 300}{200} - \frac{1.\ 60}{80} = \frac{3}{2} - \frac{3}{4} = \frac{3}{4}$ *mill. Germ.* = 15000 *ped. geom.*

Donc le lieu de la mer Atlantique près de Philadelphie, est plus haut que l'embouchure du fleuve de S. Laurent d'environ trois quarts de mille d'Allemagne; car si de ce fleuve on supose un canal de 60 mil. d'Allemagne, qui aille jusqu'à Philadelphie, quand même on suposeroit sa déclivité de 1 à 80, & celle du fleuve de 1 à 200. on trouvera que le lieu de la mer Atlantique près de Philadelphie, quoique plus occidental & plus meridional, est plus haut que celui de l'embouchure de la riviere de Saint Laurent $\frac{1+120}{200} - \frac{1+60}{80} = \frac{3}{4}$ de mille d'Allemagne = 15000 p. geometriques.

XLV.

COROLL. 2. *Similitèr cùm Archipelagus & sinus Mexicanus*

De même, puisque du golphe du Mexique il coule une plus grande quantité d'eau, peu salée, dans la mer Atlantique, par les détroits des Antilles & des Caraïbes, il faut qu'il soit plus élevé que les endroits de l'ocean Atlantique aux environs des isles Antilles, & prenant $\frac{A}{L} = \frac{1}{490}$ pour la mesure de la déclivité; & la longueur de l'espace étant de 40 dégrés, ou de 60 milles d'Allemagne, les endroits les plus occidentaux du golphe du Mexique se trouveront être plus élevés de $1\frac{1}{2}$ milles d'Allemagne que l'ocean Atlantique près des isles Caraïbes, c'est-à-dire, de 30000 p. geometriques.

abundantem aquarum, & quidem haud dubiè modicè tantùm salsarum, copiam per freta Antillarum, quâ viâ patet, continuò orientem versùs in mare Atlanticum effundat; hæcce maria particularia altiora sint necesse est locis oceani Atlantici ab Antillis insulis aliquantùm orientem versùs remotis (§. 2. 10. 11.) *ita ut, sumptâ in his maribus mensurâ declivitatis* $\frac{A}{L} = \frac{1}{400}$ *& longitudine viæ maximæ* $= 40^{\circ}. = 600$ *mill. Germ. loca sinûs Mexicani maximè occidentalia, respectu oceani Atlantici ante Caribas insulas, altiora dicenda sint, quantitate* $\frac{1.\ 600}{400} = 1\frac{1}{2}$ *mill. Germ.* = 30000 *ped. geom.*

§. XLVI.

Quoique Nous ayons prouvé dans le §. 39, que l'ocean Atlantique va en panchant de l'orient à l'oc- COROLL. 3.

Etsi igitur oceanum Atlanticum ab oriente versùs occidentem declivem esse §. 39. *ostensum sit; exindè minimè inferre licet, hanc declivitatem usque in maria particularia occidentem versùs sita ad sinum Mexicanum & isthmum Panamicum usque pertinere, quin potiùs ex §. 44. 45. ruditèr determinare licet, alveum oceani Atlantici saltem usque ad gradum longitudinis ferè 330 (sub quo circitèr insula Terranova, Herbæ Natantes & ostium fluvii Amazonum sita sunt) declivem esse, reliquâ viâ usque in sinum Mexicanum acclivi existente, seu quod perindè est, ex sinu Mexicano versùs orientem declivi.*

cident, on ne peut pas en conclure que cette déclivité s'étende jusques dans les mers particulieres situées vers l'occident jusqu'au golphe du Mexique & à l'isthme de Panama; au contraire on peut conclure des § 44 & 45 que le lit de la mer Atlantique va en panchant jusqu'au meridien 330 sous lequel sont placées l'isle de Terre-neuve, les Herbes flotantes, & l'embouchure du fleuve des Amazones, & qu'il va de là en montant jusqu'au golphe du Mexique.

§. XLVII.

OBSERVAT. 7. *Lima, portus Americæ meridionalis ad mare Pacificum, sub longitudine 295° & latitudine australi 12° situs, à celeberrimo Amazonum fluvio vix 40 mill. Germ. distat, dum intereà*

Lima, port de l'Amerique meridionale dans la mer du Sud sous le 295° de longitude, & sous le 12° de latitude australe, est éloigné de la source du fleuve des Amazones de 40 mil.

d'Allemagne, & de la source de ce fleuve jusques à son embouchure dans la mer Atlantique, il y a 30½ dégrés d'un grand cercle; cette embouchure est située sous le 327° de longitude, & sous le 3° de latitude australe.

ex illo fluminis loco, per viam brevissimam 30° ½ circuli maximi navigando, si fieri posset, confectam, ad ostium in mari Atlantico sub longitudine 327° & latitudine australi 3° situm descenderetur.

§. XLVIII.

On connoit peu le milieu de l'Amerique meridionale, & les Geographes ne s'accordent pas entre eux par raport aux lieux où passe la riviere des Amazones; mais ils placent tous sa source & son embouchure aux mêmes points. On peut donc compter que la source & l'embouchure sont éloignées l'une de l'autre de 30°½ d'un grand cercle ou de 457½ mil. d'Allemagne en ligne droite. La proportion ordinaire du cours droit des

SCHOLIUM. *Cùm Mediterranea Americæ meridionalis ferè sint Europæis incognita, & Geographi in ductibus fluvii Amazonum designandis admodùm dissentiant, fides iisdem haberi nequit, nisi in fonte & ostio ejusdem assignando, qua in re inter se satis consentiunt, ita ut reperiatur inter ostium & locum fluminis §. 47. descriptum, via brevissima = 30° ½ circuli maximi (§. 32.) = 437½ mill. Germ. Quia verò in longissimis fluminibus (e. g. in Danubio) observa-*

tur esse ratio viæ brevissimæ ad viam veram fluminis, circitèr = 2 : 3; licebit ponere, probabilitèr esse viam veram inter dictum locum fluvii Amazonum ejusque ostium = $\frac{3 \cdot 457\frac{1}{2}}{2}$ = $\frac{1372}{2}$ = 686 *mill. Germ.*

fleuves à leur cours tortueux, est de deux & trois; ainsi le cours tortueux de la riviere des Amazones sera = $\frac{3 \cdot 457\frac{1}{2}}{2}$ = 686 mil. d'Allemagne.

XLIX.

CORQLL. I. *Mare igitur Pacificum propè Limam, altius est mari Atlantico propè ostium fluvii Amazonum, quantitate* $\frac{293}{100}$ = $2\frac{93}{100}$ *milliar. Germ.* = 58600 *ped. geom. Nam si ex isto flumine canalis* 40. *mill. Germ. ad Limam* (*si modò per acclivitatem soli fortè ibi regnantem fieri potest*) *ductus concipiatur, declivitate licet ejus* $\frac{A}{L}$ *plus satis magnâ* = $\frac{1}{80}$ *suppositâ, pro flumine autem saltem* $\frac{A}{L}$ = $\frac{1}{200}$ *retentâ, consequitur mare Pacificum propè Limam, respectu maris Atlantici propè ostium fluvii Amazonum, altius*

La mer du Sud près de Lima, est donc plus haute que la mer Atlantique près de l'embouchure du fleuve des Amazones de $2.\frac{93}{100}$ de milles d'Allemagne ou 58600 p. geom. car si l'on supose un canal de 40 mil. d'Allemagne, dont la déclivité $\frac{A}{L}$ soit même si l'on veut de $\frac{1}{80}$ depuis la source du fleuve jusqu'à Lima, & la déclivité du fleuve étant suposée de $\frac{1}{200}$, il suit que la mer du Sud près de Lima, est plus haute que la mer Atlantique à l'embouchure de la riviere des Amazones de $\frac{1+686.}{200}$ — $\frac{1+40}{80}$

$= \frac{293}{100}$ de mil. d'Allemagne $= 58600$ p. geom.

esse circitèr quantitate $\frac{1 \cdot 686}{200} - \frac{1 \cdot 40}{80} = \frac{343}{100} - \frac{1}{2} = \frac{343 - 50}{100} = \frac{293}{100}$ *milliar. Germanic.* $= \frac{293 \cdot 20000}{100} = 58600$ *ped geo.*

§. L.

COROLL. 2.

Lima & le côté occidental de l'isthme de Panama sont à peu près sous le même meridien. Lima sous le 12°. lat. aust. Panama sous le 7° de lat. De plus nous avons vû (§ 11) que dans une même mer & sous la même longitude, le lieu sous l'équateur est toûjours le plus bas, la surface de la mer allant toûjours en s'élevant du côté du pole austral & septentrional : ainsi en suivant le même calcul dont nous nous sommes servis dans le 17 §, on peut déterminer à peu près de combien la mer Pacifique à la côte occidentale de l'isthme de Panama est plus

Quoniam in mari Pacifico Lima & Isthmi Panamici latus occidentale sub eodem circitèr meridiano sunt, illius autem latitudo A. 12°, *hujus latitudo* B 7°. *reperitur; & prætereà in eodem Oceano, sub eadem longitudine locus maris sub æquatore maximè depressus est, reliquis pro distantia ab æquatore altioribus existentibus* (§. 11.) *sequendo vestigia in fine* §. 17. *ostensa, ruditèr determinare licet, quantùm mare Pacificum ad istum Isthmi Panamici locum depressius sit, quàm idem mare ad Limam, inferendo scilicèt* $25^{\circ} : (12 - 7)^{\circ}$ *seu* $5^{\circ} = \frac{21}{4}$ *mill. Germ.* : $\frac{5 \cdot 21}{25 \cdot 4}$, *quæ valent*

$\frac{55 \cdot 20000}{10} = 11000$ *ped. geom. Ergo in mari Pacifico Isthmi Panamici latus occidentale, respectu maris Atlantici ad ostium fluvii Amazonum altius erit, quantitate* $58600 - 11000 = 47600$ *ped. geom.* (§. 49.)

basse que Lima; on trouvera qu'elle l'est de 11000 p. geom. en faisant comme $25 \cdot \frac{11}{4}$ de même $12 - 7 = 5 \cdot x$ &c. Donc cette côte occidentale dans la mer du Sud est plus haute que l'embouchure des Amazones de $58600 - 1100 = 47600$ pieds geom.

§. LI.

COROLL. 3. *Quòd si in meridiano ostii fluvii Amazonum, cujus longitudo est* 327°, *latitudo* A. 3°, *sumatur locus* L, *cujus latitudo* B. *itidem est* 7°; *reperietur simili modo, quantùm maris Atlantici locus* L *altior sit, ostio fluvii Amazonum, inferendo* $25° : (7 - 3)°$ *seu* $4° = \frac{11}{4}$ *mill. Germ.* : $\frac{4 \cdot 11}{25 \cdot 4}$, *quæ valent* $\frac{44 \cdot 20000}{100} = 8800$ *ped. geom. Consequentèr mare Pacificum ad Isthmi Panamici latus occidentale, respectu loci* L *saltem altius*

De même, si l'on prend un lieu L dans la mer Atlantique, sous le même meridien 327° que l'embouchure des Amazones, & la latitude septentrionale de 7°. la même que celle du côté occidental de l'Isthme de Panama; on trouvera que ce lieu L. de la mer Atlantique est plus élevé que l'embouchure des Amazones de 8800 pieds geometriques; & par consequent le côté occidental de l'Isthme de Panama eſt plus élevé que ce lieu L. de la quantité de 47600 — 8800 = 38800 pieds geom.

erit, quantitate 47600 — 8800 = 38800 *ped. geom.* §. 50.

§. LII.

COROLL. 4.

Or comme la Mer ſituée au côté oriental de l'Iſthme de Panama ſous le 296° de longitude, & le 7° de latitude ſeptentrionale, doit être plus haute qu'à ce lieu ſuppoſé L. (§. 51. 45. 46) ſous le même parallele, & qui en eſt éloigné de 32° d'un grand cercle, ou de 480. milles d'Allemagne, ſi l'on prend, comme nous avons fait, dans les autres mers $\frac{1}{400}$ pour la meſure de la déclivité, on trouvera que ce côté oriental doit être plus élevé que le lieu L. de $\frac{24}{20}$ de mille d'Allemagne, c'eſt-à-dire de 24000 pieds geom.

Porrò quoniam mare ad Iſthmi Panamici latus orientale, cujus longitudo eſt 296°, *latitudo* B. 7°, *altius eſſe debet loco iſto* L *maris Atlantici ſub eodem parallelo ſito, & via interjecta ex* L *versùs occidentem tota acclivis eſt* (§. 51. 45. 46.) *eſtque prætereà longitudo viæ circitèr* = 32° *circuli maximi* = 480 *mill. Germ. ſumptâ, ut antè in maribus particularibus fecimus, menſurâ declivitatis* $\frac{A}{L} = \frac{1}{400}$, *erit reſpectu loci iſtius* L, *Iſthmi Panamici latus orientale altius, quantitate* $\frac{1.480}{400} = \frac{24}{20}$ *mill. Germ.* = $\frac{24.20000}{20}$ = 24000 *ped geom.*

§. LIII.

COROLL. 5. *Consequenter Isthmi Panamici latus occidentale, respectu lateris orientalis sub eodem parallelo 7°, saltem altius erit, quantitate* 38800 − 24000 = 14800 *ped. geom.* (§. 51. 52.) *hoc est, ferè* = ¾ *mill. Germ.*

Par consequent le côté occidental de l'Isthme de Panama sera plus élevé que le côté oriental de 38800 − 24000 pieds geom. = 14800 pieds geo. (§. 51. 52.) = ¾ mille d'Allemagne.

§. LIV.

COROLL. 6. *Quòd si igitur ponamus, mare Pacificum cum Atlantico sub latitudine* B. 7°, *per canalem apertum* 15 *mill. Germ.* = 300000 *ped. geom.* (*tanta enim ibi æstimatur Isthmi latitudo*) *conjungendam esse; in canali isto foret declivitatis mensura* $\frac{A}{L} = \frac{14800}{300000} = \frac{148}{3000} = \frac{17}{750}$, *hoc est, ferè* = $\frac{1}{20}$. *Quæ declivitas est decupla declivitatis ordinariæ fluminum, quam supra* = $\frac{1}{200}$ *assumpsimus.* (§. 4.)

Donc si la mer du Sud étoit jointe à l'ocean Atlantique sous le 7° de latitude septentrionale, par un canal qui seroit de 300000 pieds geom. largeur de l'Isthme, en cet endroit la declivité de ce canal seroit $\frac{14800}{300000}$ à peu près $\frac{1}{20}$, mesure excessive & decuple de celle de la déclivité des fleuves.

§. LV.

Un tel canal ne feroit donc pas navigable à cause de la rapidité des eaux qui couleroient de la mer Pacifique dans la mer Atlantique, & qui inonderoient infailliblement la côte orientale de cette partie de l'Amerique.

Canalis igitur iſte, ſi utrinque apertus foret, innavigabilis eſſet, & mare Pacificum incredibili celeritate atque impetu in Atlanticum, cum certa accolarum orientalium clade, effunderetur. (§ 2.) COROLL. 7.

§. LVI.

Il feroit impoſſible auſſi de le rendre navigable par des écluſes, ou en rendant ſon cours tortueux & plus long; & par ce moyen ſa declivité $\frac{A}{L} = \frac{1}{100}$ Car pour cet effet il faudroit un cours ſi long, ou une telle quantité d'écluſes ! ſi hautes, qu'elles le rendroient inutile par la difficulté d'en faire uſage.

Quòd ſi verò dixeris, canalem iſtum, per cataractas clauſtris munitas, navigabilem reddi poſſe, aut loco canalis breviſſimi, alium canalem apertum ductibus flexuoſis fodiendum eſſe, per quem declivitas aquæ ad declivitatem ordinariam $\frac{A}{L} = \frac{1}{100}$ *reduceretur; ponamus, in priore caſu, quamlibet cataractam* 10 *ped. geom. altam eſſe debere; apparet ad integram viæ declivitatem* 14800 *ped. geom. à nave tandem lucrandam,* SCHOL. I.

1480 claustris opus fore, distantiâ inter duo quæque proxima claustra = 203 ped. geom. existente, & semestri ferè spatio opus fore, antequàm navis ex tot claustris emergere posset; in posteriore autem casu manifestum est, longitudinem canalis flexuosi decuplam brevissimi, hoc est, 150 milliaribus Germ. æqualem esse debere.

§. LVII.

SCHOL. 2. *Undè colligere pronum est, de ejusmodi opere, nullis viribus sumptibusque humanis superabili, omninò desperandum esse, præsertim cùm his in locis natura soli haud dubiè ita comparata sit, ut ad effectum operis veniri non possit, etiamsi nec manus nec sumptus tanto operi pares deesse fingas. Nec minùs facilè hìc deprehendere licet vestigia sapientiæ bonitatisque divinæ prorsùs admiranda, cum tanto obice, qualis est Isthmus Panamicus, objecto, mare Pacificum ab Atlantico heic loci sollicitè excluditur. Quo tamen opus non foret, si sinus Mexicanus esset mari Pacifico altior.*

Aussi cet ouvrage est au-dessus de toute la puissance humaine, d'autant plus que vraisemblablement la nature du terrein en rendroit les difficultez insurmontables, quand la dépense excessive & le défaut d'ouvriers ne le feroient pas. Il faut admirer en cela la Sagesse de Dieu, qui opose à la mer du Sud une telle digue que l'Isthme de Panama; digue qui seroit pourtant inutile, si la mer Atlantique étoit au même niveau que la mer du Sud.

§. LVIII.

Il eſt vrai que par le détroit de Magellan ſitué à peu près ſous le même meridien que Panama, & ſous le 54ᵉ degré de latitude auſtrale, il y a un paſſage de la mer du Sud dans la mer Atlantique, quoique très-difficile & très-dangereux, par l'impetuoſité des eaux de l'occident vers l'orient; ce qui pourroit faire croire que la hauteur de ces deux mers, l'une à l'égard de l'autre, n'eſt pas ſi conſiderable que nous l'avons dit. Mais il faut conſiderer que la longueur de ce détroit qui eſt tortueux, eſt, non pas de 15, mais de 150. milles d'Allemagne; ce qui réduit la déclivité preſque à la me-

SCHOL. 3.

Equidem ſub Panamæ circitèr longitudine, & latitudine A. 54°, *datur fretum Magellicanum, per quod ex mari Pacifico in Atlanticum utique navigare licet, etſi ob inſignem impetum aquarum orientem versùs ruentium navigatio iſta haud parùm difficilis ſit atque periculoſa,* (y) *atque adeò videri poſſet, exceſſum altitudinis in mari Pacifico tantum non eſſe, quantum in* §. 53. *deduximus. At ipſa freti conſideratio reſponſionem facilem efficit. Nimirùm cùm longitudo freti hujus flexuoſi non ſit is, ſed ferè* 150 *mill. Germ. manifeſtum eſt hoc ipſo menſuram declivitatis* $\frac{A}{L}$ (*quæ* §. 54. *reperiebatur* = $\frac{14800}{300000}$) *nunc reduci ad multò minorem, nempè ut ferè*

(y) *Vid.* Becmanni Hiſtoria orbis terrarum Geogr. & Civilis. *P. m.* 35. *ſeqq.*

evadat $\frac{A}{L} = \frac{14800}{3000000}$ *quæ ferè eſt* $= \frac{1}{200}$, *ſi ſcilicèt oſtium freti orientale haberet eandem cum latere Iſthmi orientali longitudinem 296°. At verò, cùm ejus longitudo ſit 306°, & hæc longitudinum differentia 10°, ſub parallelo 54°, in circulo maximo valeat* $10. [8 \frac{49}{100}] = \frac{10.849}{100} = \frac{849}{10}$ *mill. Germ.* (z) $= \frac{849.20000}{10}$ $= 1698000$ *ped. geom. intra quam viam maris Atlantici acclivitas alias evaderet* $= \frac{1.849}{400.10} = \frac{849}{4000}$ *mill. Germ.* $= \frac{849.20000}{4000} = \frac{8490}{2} =$ 4245 *ped. geom.* (§. 46.) *Patet hìc acclivitate in oſtio freti orientali adhuc deficiente, exceſſum altitudinis maris ad oſtium Freti occidentale ſupra altitudinem maris ad oſtium freti orientale nunc evadere* $= 14800 + 4245 = 19045$ *ped. geom.* (§. 53.) *adeòque in freto Magellicano declivitatis*

ſure ordinaire $\frac{1}{200}$, meſure qui ſeroit exacte, ſi la gorge orientale du détroit avoit la même longitude 296°, que le côté oriental de l'iſthme de Panama ; mais elle eſt ſous le 306. & cette difference de longitude dans le parallele 54 vaut $\frac{849 + 10}{100}$ $= \frac{849}{10}$ de mille d'Allemagne $= 1698000$ p. geom. Nous avons vû (§. 18.) que la ſurface de notre globe alloit ordinairement en s'élevant de l'occident en orient ; ainſi en prenant $\frac{1}{400}$ pour la meſure de la déclivité dans cette mer, la hauteur qui en réſulteroit à la gorge orientale du détroit de Magellan, ſeroit $\frac{849}{400}$ mille d'Allemagne $= 4245$ p. geom. & cette hauteur du lit de la mer manquant en cet endroit, il

(z) Conf. Cel. Vvolfii Elementa Geographiæ. §. 46.

s'enſuit que la gorge occidentale du detroit eſt plus haute que l'orientale de 14800 + 4245 = 19045 pieds geometriques : & c'eſt la raiſon pourquoi la declivité dans le detroit de Magellan eſt plus grande que dans la plûpart des fleuves, & preſque comme de $\frac{1}{157}$

menſuram utrà majorem fieri, ita ut ſit $\frac{A}{L} = \frac{19045}{3000000} = \frac{3809}{600000} = \frac{3810}{600000} = \frac{635}{100000} = \frac{127}{20000}$ *hoc eſt, ferè* $= \frac{1}{157}$. *Quare cùm declivitas in maribus particularibus ferè ſit* $= \frac{1}{400}$, *in medio Oceano autem vix major* $\frac{1}{600}$ (§. 17. 18. *n.* 2. *&* 5.) *adeòque freti Magellanici declivitas* $\frac{1}{157}$ *ferè ſit quadrupla declivitatis in Oceano; mirum non eſt navigationem hujus freti ſatis arduam eſſe atque periculoſam.* (§. 58.)

§. LIX.

SCHOL.

Nous avons encore un grand nombre d'obſervations qui nous prouvent cet excès de hauteur de la mer du Sud ſur la mer Atlantique. On n'a qu'a comparer le côté occidental de l'Amerique qui regarde l'Aſie, avec le côté oriental qui regarde l'Affrique & l'Europe; on verra que le côté oriental eſt traverſé par

Caterùm etiam in promptu ſunt aliæ obſervationes, quibus exceſſus iſte altitudinis in mari Pacifico §. 53. aſſertus, haud parùm confirmatur. Comparetur enim totius Americæ latus contra Aſiam poſitum, ſeu occidentale, cum latere contrà Europam Africamque poſito, hoc eſt cum orientali; in mappis geographicis & generalibus & ſpecialibus curio-

ſiùs ſolito inſpectis, palàm fiet, latus orientale obſitum eſſe permultis magnis longiſſimi cursûs fluminibus, quorum fontes in locis Americæ Mediterraneis, imò plerùmque haud procul indè à latere occidentali, oriuntur; contrà autem in latere occidentali perpauca dari flumina, eaque exigua & breviſſimi cursûs (plerùmque vix ſubſeptupli) quorumque fontes minimè in locis Mediterraneis, multò minùs lateri orientali propioribus, ſed haud adeò procul à littore occidentali oriuntur. Quare ſi utrumque genus fluminum navigabile, hoc eſt, commodæ declivitatis (cujus circitèr menſura eſt $\frac{A}{L} = \frac{1}{100}$) *eſſe ſupponatur, ſintque duorum ejuſmodi fluminum ſub eodem circitèr parallelo latorum fontes vicini & ſub eadem circitèr horizontali poſiti; manifeſtum eſt* 1. (*ex fonte occidentem ſpectante uſque ad mare Pacificum, ſimplâ ſal-*

les embouchures d'un grand nombre de fleuves très-conſiderables, qui prennent preſque tous leur ſource non bien loin de la côte occidentale; au contraire, ce côté occidental n'eſt traverſé que par un petit nombre de fleuves, dont le cours a bien peu d'étenduë, & n'eſt pas la ſeptiéme fois auſſi long que celui des autres. Si l'on prend deux fleuves dont les ſources ſoient voiſines, & le cours dirigé vers des côtez oppoſez, celui qui tend vers l'occident, étant ſuppoſé de 25 de cours; celui qui tend vers l'orient, ſera de 175, & l'excès de hauteur de la chûte de celui-ci, ſera de $\frac{175 - 25}{100} = \frac{150}{200} = \frac{3}{4}$

tem viâ opus esse, ubi ex fonte in orientem versò usque ad mare Atlanticum aut ejus sinum, viâ opus est prioris minimùm septuplâ, adeòque declivitatem integralem in priore casu, esse ad eam in posteriore, ut 1 : 7; *&* 2.) *declivitatum integralium differentiam, hoc est, excessum altitudinis in mari Pacifico, sub eodem scilicèt parallelo, esse ut* (7 – 1) *seu* 6. e. g. *si in priore casu cursus fluminis foret* 25, *in altero autem* 175. *mill. Germ. quorum cursuum differentia est* 150 *mill. Germ. prodiret excessus altitudinis in mari Pacifico* $= \frac{1 \cdot 150}{200} = \frac{3}{4}$ *mill. Germ.*

§. LX.

COROLL. 8.

Quoique les fleuves qui ont leur embouchure à la côte occidentale de l'Amerique, soient assez peu considerables; cependant, comme ils coulent sans cesse dans la mer du Sud, il faut que cette mer aille un peu en panchant vers l'Asie; & de plus, l'eau voisine des rivages n'étant guére salée, il faut qu'elle soit plus haute que le reste de la mer.

Quoniam omnia flumina ad latus Americæ occidentale posita, etsi modica esse videantur, continuò in mare Pacificum exonerantur, & fretum Magellicanum solùm in exonerando hoc mari vix tantùm præstare posse videatur, ut in statu manente, in quo est, conservetur; necesse est, ut alveus maris Pacifici versùs Asiam, hoc est, versùs occidentem aliquantùm declivis sit (§. 2. n. 1.) *præsertim cum aqua littoribus vicina, utpotè minus salsa, altior esse debeat aquâ remotiore & salsiore.* (§. 11. 14.)

§. LXI.

OBSERVAT. 8.

Sinus Gangeticus, mare Chinense, cæteraque maria particularia inter Maldivarum & Latronum Insulas interjecta, sunt modicæ amplitudinis, & à continenti Asiæ clausa; ab reliquis verò plagis cinguntur magno numero Insularum minorum majorumque (insulis scilicet Borneo, Sumatrâ, Javâ, Philippinis, Formosâ, Japoniâ, cæterisque) fretis modicis & parum profundis, syrtibus aliisque locis vadosis interjectis. (a) *Hæcce maria, si regularem æstûs marini reciprocationem exceperis, sunt in statu manente, etsi ingentia Asiæ flumina, Indus, Ganges, Croceus, Amur, &c. continuò aquas suas in ea lem deponant.*

Le golphe de Bengala, la mer de la Chine & les autres mers particulieres, entre les Isles Maldives & celles des Larrons, sont d'une étenduë mediocre, fermées par le continent de l'Asie, & environnées par les autres cotez d'un grand nombre d'Isles grandes & petites, des isles Borneo, de Java, de Sumatra, les Philipines, Formosa, le Japon : entre la plûpart de ces Isles sont des détroits d'une mediocre largeur & profondeur, garnis de rochers & de bancs de sable. Ces mers se conservent toûjours dans le même niveau, quoi qu'elles reçoivent des eaux d'un grand nombre de fleuves très-considerables, l'Indus, le Gange, le Feuve Jaune, l'Amur, &c.

(a) Conf. Joannis Van Keulen Zee-Kaasdt. Tab. 73.

§. LXII.

Il faut donc que ces mers dégorgent une quantité considerable de leurs eaux, partie dans la mer du Sud, partie dans la mer des Indes.

Ergo isthæc maria particularia abundantem aquarum molem per freta quà vià patet, partim in mare Pacificum, partim in oceanum Indicum continuò effundunt.

COROLL. 1.

§. LXIII.

Il faut donc encore que ces mers particulieres soient plus hautes que la mer des Indes & la mer du Sud, & qu'elles le soient même beaucoup pour surmonter l'obstacle qu'oposent au libre cours des eaux, tant d'Isles, de rochers, de bancs de sable, &c.

Consequentèr hæc maria particularia altiora sunt oceano Indico & Pacifico, præsertim exitu aquarum tot Insularum, locorum vadosorum, &c. objectu, haud parùm impedito.

COROLL. 2.

§. LXIV.

Donc de ces mers, les unes, sçavoir, celles qui sont à l'orient, vont en panchant vers la mer du Sud, les autres vers la

Ergo horum marium quædam, contrà orientem scilicèt posita, habent alveos versùs mare Pacificum, cætera versùs oceanum Indi-

COROLL. 3.

cum declives. (§. 2. 62.) *Nec minùs patet, in hisce regionibus, alveum maris Pacifici ipsum versùs orientem; alveum Indici versùs occidentem declivem esse oportere.* (§. 2.)

mer des Indes; il faut même que le lit de la mer du Sud aille en panchant vers l'orient, & celui de la mer des Indes vers l'occident.

§. LXV.

SCHOLIUM.

Etsi igitur in §. 60. *ostensum sit, alveum maris Pacifici ab America versùs Asiam, hoc est, versùs occidentem, declivem esse; exindè tamen minimè inferre licet, hanc declivitatem perpetuam esse, & usque ad continentem Asiæ, aut etiam ultra, porrectam. Quin ipsa telluris rotunditas, & universalis Oceani continuitas, talem declivitatem perpetuam & versùs eandem plagam excurrentem non patitur, nisi intra Oceani universalis ambitum, hoc est, antequàm tellurem circumnavigantes ad eundem me-*

Quoique nous ayons prouvé dans le §. 60. que le lit de la mer du Sud alloit en panchant de l'Amerique vers l'Asie, on ne peut donc pas conclure que ce panchant continuë toûjours, & s'étende jusqu'à l'Asie même. Si l'on suposoit un tel panchant continué toûjours vers le même côté, il s'ensuivroit qu'il y auroit un point de la terre, duquel si l'on partoit, on rencontreroit necessairement, avant que de revenir au même meridien, une cataracte de plus de 10 milles d'Allemagne ; car ſupoſant la déclivité dans l'Ocean de $\frac{1}{500}$, le contour de la terre étant de 5400 milles d'Allemagne en partant de la mer du Sud, du golphe de Panama tirant vers l'occident ; quand on ſeroit arrivé au côté oriental de l'iſthme de Panama, on ſeroit parvenu à ce terme qui doit être plus bas que l'autre de $\frac{5400}{500}$ de milles d'Allemagne ; ce qui paroîtra abſurde, pour peu que l'on conſidere avec attention la ſituation de l'Iſthme de Panama, & celle du détroit de Magellan, en ſuivant la même route. On prouvera que la mer des Indes va en panchant depuis les Iſles de l'Aſie, qui ſont les plus voiſines de l'ocean Ethiopique, juſques environ le 90 dégré de

ridianum reſtitui poſſint, cataractam Oceani 10 & amplius mill. Germ. altam admittere velis. Cum enim ambitus telluris ſit circiter 5400 mill. Germ. poſitâ in Oceano declivitatis versùs occidentem perpetuæ menſurâ $\frac{A}{L} = \frac{1}{500}$, *ſequeretur navigantes in mari Pacifico, & ex ſinu Panamico versùs occidentem ſolventes, ubi tandem ab oriente ad alterum Iſthmi Panamici latus pervenerunt, adeoque ambitum telluris circiter emenſi ſunt, conſtitui in termino ad quem, qui altero termino depreſſior eſt, circiter quantitate* $\frac{1 \cdot 5400}{500} = \frac{54}{5} = 10\frac{4}{5}$ *mill. Germ. Quod quin abſurdum ſit, dubitari nequit, ſi ad Iſthmum Panamicum atque fretum Magellicanum conſiderandum, vel tantillùm attentionis adferre libet. Cæterùm ſimili ratione procedendo, colligere licet, ocea-*

num Indicum, indè ab insulis Asiæ versùs oceani Æthiopici longitudinem circitèr 90°, saltem declivem, indè autem usque ad longitudinem circitèr 40° acclivem, & ab hoc termino usque in mare Atlanticum sub longitudine circitèr 330° iterùm declivem esse.

latitude, & que de là elle va en relevant environ jusqu'au 40. d'où elle va de nouveau en panchant dans la mer Atlantique jusques vers le 330 dégré.

§. LXVI.

COROLL. 4. *Quoniam igitur superficies maris tam à sinu Mexicano, quàm à Ponto Euxino, longè usque in oceanum Atlanticum declivis est (§. 45. 46. 39.) patet, si ex duobus terminis duæ naves sibi obviàm profectæ in medio circitèr itineris, hoc est, ferè sub longitudine 345°, & quidem sub æquatore, sibi invicem occurrunt, easdem tunc pervenisse ad locum totius itineris, itemque oceani Atlantici maximè depressum (§. 11. 2. n. 1.) qui utroque termino à quo*

Puisque la surface de la mer va en s'abaissant premierement depuis le golphe du Mexique, & aussi depuis la mer Noire, il s'ensuit que si deux Vaisseaux partoient de chacun de ces termes, lorsqu'ils se rencontreroient dans la mer Atlantique environ vers la moitié de leur chemin sous le 345° de longitude, ils seroient arrivez l'un & l'autre à l'endroit le plus bas de leur course, & qui seroit plus abaissé que l'un & l'autre terme de $2\frac{1}{4}$ de mille d'Allemagne en prenant $\frac{1}{400}$ pour mesure de la déclivité dans les mers particulieres, & $\frac{1}{600}$ dans l'Ocean.

depressior foret, minimùm quantitate $2\frac{1}{4}$ mill. Germ. & ampliùs, positâ $\frac{A}{L}$ in maribus particularibus $= \frac{1}{400}$, in Occano $= \frac{1}{600}$.

§. LXVII.

COROLL. 5.

De même si deux Vaisseaux partent, l'un de l'isle Borneo, l'autre de la côte de l'Amerique qui regarde l'Asie, dont la latitude est 0° & qu'ils se rencontrent au milieu du chemin environ vers le 385° de longitude, cet endroit est le plus bas de toute leur route & de la mer du Sud (§. 11. 64. 60. 2. n. 1.) & moins élevé que l'un & l'autre terme d'où ils sont partis, de $2\frac{1}{4}$ de mille d'Allemagne, &c.

Similitèr, si duæ naves, una ex insula Borneo, altera ex Americæ littore Asiam spectante, cujus latitudo = 0°, sibi obviàm profectæ in medio itinere, & quidem sub æquatore, circitèr sub gradu longitudinis 180, sibi occurrant; patet, eas tum pervenisse ad locum itineris, itemque maris Pacifici maximè depressum, (§. 11. 64. 60. 2. n. 1.) qui utroque termino à quo depressior circitèr quantitate $2\frac{1}{4}$ mill. Germ. diverso valore ipsius $\frac{A}{L}$, in diverso marium genere, ut in §. 66. constituto.

§. LXVIII.

SCHOL. 2.

Puisque la figure de

Cùm igitur in vera tellu-

ris figura investiganda ante omnia ad veram Oceanorum atque marium particularium figuram respiciendum sit; (§. 14) itemque diversa altitudo diversorum continentis locorum ex cursu fluminum dijudicari debeat (§. 2. n. 5.) Ex his quæ à §. 6. usque ad §. 67. de varia tam marium particularium atque Oceanorum, quam de varia locorum continentis à centro telluris distantia, etsi rudièr saltem determinata sunt, satis liquet, longè aliter de vera telluris figura sentiendum esse, ac hactenùs fecimus, multaque à pluribus collaboratoribus, diversis locis accuratè experimentanda esse, antequàm diversæ telluris partes ad diversam quandam figuram geometricam quàm proximè reduci possint.

l'Ocean & des mers particulieres doit entrer pour beaucoup dans la décision de la figure de la terre §. 14. & que le cours des fleuves nous fait connoître aussi la vraye élevation des divers endroits du continent §. 2. n. 5. il suit de tout ce que nous avons dit depuis le §. 6. jusqu'au §. 67. qu'on ne peut sans un grand nombre d'observations exactes faites par plusieurs en plusieurs lieux differens, hazarder d'assigner la vraye figure de la terre, &c.

§. LXIX.

SCHOL. 2. *Neque enim putandum est, tellurem, ad instar solidi geometrici, certâ figurâ geome-*

Car il ne faut pas croire que la terre soit d'une figure parfaitement geométrique; au contraire il eſt vraiſemblable que la ſtructure des corps de cet univers, qui ſont un tout par eux-mêmes, telle que la terre que nous habitons, eſt organique & d'une perfection composée; une figure ſimple & geometrique convient peu à de pareils corps: car la perfection composée réſulte de diverſes perfections ſimples. Mais pour abreger, je ferai remarquer que les recherches qu'on fait ſur la figure de la terre, tendent à ſçavoir ſi elle a une figure geometrique, & ſi on peut repreſenter ſa ſurface par quelque ligne courbe, dont les proprietez ſoient connuës aux Geometres. Ce que j'abandonne à la recherche des Sçavans; & je vai, ſelon mon deſſein, expliquer l'origine des

tricâ præditam eſſe oportere. Quinpotiùscertum habendum eſt, ſtructuram corporum mundi totalium (quale eſt tellus noſtra) quanta quanta eſt, organicam eſſe & perfectionis maximè compoſitæ; talibus autem corporibus figuram ſimplicem, qualis geometrica eſt, minimè convenire, diverſis namque perfectionum ſimplicium regulis ad perfectionem compoſitam conſtituendam concurrentibus, & ab illa figura ſimplici, quam quælibet perfectio ſimplex ſola requirit, neceſſariam exceptionem poſtulantibus, ut reſultare poſſit figura compoſita pro corpore compoſito perfectiſſima. Ut in compendio dicam, vera quæritur telluris figura, quæcunque ea demùm ſit, ſive ea quàm proximè ad unum ſolidum geometricum reduci poſſit, ſive pro diverſo hemiſphario, eo-

rumque certis tractibus quàm proximè repræsentandis, ad diversæ indolis corpora geometrica recurri necesse sit. Caterùm hìc abrumpenda mihi est figuræ telluris consideratio, peritiorum industriæ relinquenda, & redeundum ad propositum de origine Fontium investiganda.

Fontaines sur les principes que je viens d'établir.

§. LXX.

OBSERV. 9. *Fontium plurimi sunt perennnes, perpauci temporales, & inter hos paucissimi periodici.* (b) *Fontes perennes ab omni memoria ita scaturisse constat, ut æqualibus temporibus æqualem circitèr aquæ massam effundant, nec ulla suspicio supersit, aggregatum Fontium ad Rhodanum* e. g. *pertinentium ante bis mille annos duplo, triplo, decuplo, &c. plus aquæ Rhodano intra annum præbuisse, quàm nostro ævo præbent. Cæterùm Fontes perennes plu-*

La plûpart des Fontaines sont perpetuelles & regulieres, il y en a peu de celles qui sont periodiques. Les regulieres ont de tout tems coulé, de façon qu'en des tems égaux elles versent à peu près une égale quantité d'eau ; & il n'y a pas lieu de soupçonner que toutes les Fontaines qui apartiennent au Rhône, ayent donné à ce fleuve, il y a deux mille ans, dans l'espace d'une année, le double, le triple, le decuple

(b) Conf. *Roberti Plot* de origine Fontium tentamen, quod recensetur in A. E. Lipf. An. 1685. *p.* 535. *seqq.*

plus d'eau qu'elles n'en donnent à present dans le même espace de tems. D'ailleurs la plûpart des Fontaines regulieres ou perpetuelles sont situées aux pieds des montagnes & des valons, & le peu qu'on en trouve sur le sommet des valons, reçoivent leurs eaux d'un grand lac, qui reçoit aussi les siennes par des sources qui sont au-dessous. Il s'en trouve dans la Suisse, dans la Russie & dans les Pays voisins du Pole boreal; les plus fameuses sont celles du Viadre & de la Wistule, qui ne sont pas fort éloignées l'une de l'autre sur le sommet de la montagne Calpasii; les deux Fontaines du Nil qui ne sont éloignées l'une de l'autre que d'un jet de pierre; les Fontaines de Wolga & de

rimi ad radicem collis, aut montis, aut jugi, modicæ atque perspectabilis amplitudinis, collocati reperiuntur, paucioribus in ipso ferè collis jugo (quod in Suecia, Russia aliisque polo boreo vicinioribus regionibus frequentèr contigit) de lacu magno exundante manantibus, & capite veri Fontis sub lacu occultato. Illorum exempla exstantiora sunt, Fontes Viadri & Wistulæ in Carpathii montis jugis haud multùm à seinvicem remoti; duo Fontes Nili, lapidis circitèr jactu distantes; Fontes Wolgæ & Dewinæ in Russia, modico interjecto spatio separati; Fontes trium Russiæ fluviorum Sem, Occa & Szesna, mirè propinqui, etsi eorum primus in occidentem, secundus in septentrionem, tertius in orientem tendat; Fontes quatuor fluminum in Germania celebrium, ad radices modici montis (cui Mons Pinifer *nomen est) orti ; quorum hydrophilacium (uti ferè credere licet) commune in omnes mundi plagas diffundi , ingenioso hocce incerti Auctoris carmine docetur.*

Devina en Russie , voisines l'une de l'autre ; les Fontaines des trois fleuves de laRussie, Zem, Opka & Szesna , qui se couchent presque à leur origine , & qui cependant vont l'un à l'occident, l'autre au septentrion, & l'autre au midy. Les Fontaines des quatre fleuves d'Allemagne qui prennent naissance à la petite montagne appellée *Pinifer*, d'un reservoir commun , qui disperse les eaux dans les quatre parties du monde, ainsi que le désignent les vers suivans.

> *Quatuor effundo Fluvios* Mons Pinifer : *ex his*
> *Ad terræ partem quamlibet unus abit* :
> Mœnus *ad Occasum fertur , sed* Nabus *ad Austrum*,
> Egra *Ortum , Boream denique* Sala *petit.* (c)

Nec hoc notatu indignum est , quòd capita Fontium solo glareoso saxisque magnæ molis undique munita conspiciantur , inter quæ aqua ex majori plerùmque lumine ,

Il faut aussi observer que les orifices des Fontaines se trouvent toûjours munis d'une terre graveleuse & de très-grosses pierres, entre lesquel-

(c) Conf. Becmannus in historia orbis terrarum geogr. & civili. *P. m.* 60.

les l'eau ſort par une ouverture beaucoup plus grande qu'il ne convien-droit à la quantité d'eau qui en découle.

quàm pro mole aquæ neceſſe eſt, profluit.

§. LXXI.

COROLL. 1.

Chaque Fontaine perpetuelle a donc ſon réſervoir caché & un peu plus élevé, d'où l'eau puiſſe ſortir continuellement, quoiqu'il ſe peut fort bien que pluſieurs Fontaines voiſines ayent le même réſervoir.

Cuilibet igitur Fonti perenni ſuum reſpondet aquarum receptaculum occultum & paulò altiùs ſitum, ex quo aqua per caput Fontis, tanquàm per proprium emiſſarium, indeſinentèr effluere poſſit (§. 2.) etſi Fontes nonnulli, præſertim qui parùm ab invicem diſtant, hydrophilacium commune habere queant.

§. LXXII.

COROLL. 2.

Il faut auſſi de ces deux choſes l'une, ou que le réſervoir ſoit d'une aſſez grande capacité pour contenir depuis le commencement de l'écoulement de ces Fontaines, toutes

Alterutrum igitur neceſſe eſt, aut, ut ejuſmodi receptaculum vaſtæ admodùm capacitatis ſit, omnemque aquæ copiam, quam intra aliquot annorum miriades Fonti perenni ſuppeditavit, & in

posterùm suppeditabit in gremio suo jam indè à primo fluxûs initio reconditam habuerit; aut, ut modicæ capacitatis sit, & in quod aqua Fonti continuò præbenda, continuò aliundè defertur.

les eaux qui en sortent depuis tant de siécles, & qui en couleront dans la suite; ou, que si ce réservoir est d'une petite capacité, l'eau qui doit s'en écouler, doit lui être aportée d'ailleurs.

§. LXXIII.

COROLL. 3. *Quòd si ergo ponamus, receptaculum ingens admodùm esse, istamque aquæ copiam jam antiquitùs in gremio suo habuisse, necesse est, ut in eo aquæ supra caput Fontis altitudo (A) intra tot annorum decursum, valdè admodùm decreverit. Pressione igitur aquæ, (quæ per leges hydraulicas, semper altitudini aquæ A proportionalis est) paulatim diminuta, tam celeritas aquæ erumpentis, quàm quantitas aquæ effluentis, (quarum utraque per leges hydraulicas est ut A½) in quolibet anno anteriore major fuit, quàm*

Si nous suposons ce réservoir d'une grande étenduë, & qu'il contienne depuis long-tems les eaux qu'il verse, il faut necessairement que l'élevation que ces eaux ont au-dessus de la saillie de la Fontaine, ait considérablement diminué depuis tant de siécles qu'elle coule; par consequent la pression de ces eaux, qui par les loix de l'Hydrostalique est proportionnée à la hauteur de l'eau, ayant peu à peu diminué; la vîtesse & la quantité de l'eau qui s'est écoulée l'année précedente, ont été plus grandes qu'elles ne l'ont été l'année d'après; c'est-à-dire, qu'une Fontaine réguliere a donné plus d'eau, il y a dix, cent ou mille ans, qu'elle n'en donne de notre tems: ce qui étant absurde, il faut convenir que le réservoir des Fontaines est d'une mediocre capacité, & que l'eau qu'il fournit, lui vient d'ailleurs.

in subsequente, hoc est, Fons perennis ante decem, centum, mille, &c. annos, incomparabiliter majorem aquæ massam intra annum effudit, quàm nostro ævo præstat. Quod cùm sit absurdum (§. 70.) patet, receptaculum modicæ saltem capacitatis esse, & aquam Fonti continuò præbendam, continuò aliundè in receptaculum deferri. §. 72.

§. LXXIV.

SCHOL. I.

C'est ce que je vai prouver.

Soit une Fontaine réguliere qui à chaque seconde, donne cent pieds cubiques d'eau; on trouvera la quantité d'eau qui devra couler dans l'espace de 5000 ans, c'est-à-dire, la capacité du réservoir qui pourra fournir cette eau 15.. 768, 000,000,

Idem quoque sic ostendere licet. Sit Fons perennis quolibet minuto temporis secundo 100 pedes Paris. cubic. aquæ effundens; reperietur massa aquæ intra 5000 annos effundenda aut effusa, hoc est, capacitas hydrophilacii 5000 annis suffecturi = 15″, 768, 000, 000, 000 ped. cub. Reducatur ea ad parallelepipedum baseos qua-

dratæ , & altitudinis 10 *pedum (neque enim majorem supra emissarium altitudinem ponere , & contrà basin minuere licet , ne libella aquæ supra caput Fontis nimis citò descendat & pressio decrescat) erit basis* = 1'', 576 , 800', 000, 000 *ped. quadrat. & latus baseos ipsum circitèr* = 1255700 *ped. Paris. hoc est , (per* 22917 *dividendo)* = $54\frac{18}{21}$ *seu ferè* = 55 *mill. Germ. Quare cùm hydrophilacium Fonte paulò altiùs situm sit* (§. 71.) , *& ejusmodi Fontes ad radicem collis aut montis modicæ atque perspectabilis amplitudinis frequentèr scaturiant* (§. 70.) *hoc genus receptaculorum pro Fontibus perennibus naturæ rerum oppido repugnat , (cùm intra spatium* 55.55 = 3025 *mill. Germ. quadratorum , non unus saltem ejusmodi Fons , sed centrum , imò*

000 pieds cubes. Si on fait de cette quantité d'eau un parallepipede , dont la base soit quarrée & la hauteur de 10 pieds (car il n'est pas possible de la suposer moindre , si on veut lui conserver une pente vers la Fontaine qu'il entretient (la base 1'' = 576 , 800 , 000 , 000 pieds quarrez & les côtez = 1255700 pieds de Paris , c'est-à-dire , 55 milles Germ.

Il faut aussi remarquer que les Fontaines sont toûjours au pied de la montagne , & que ce prétendu grand réservoir doit être un peu plus haut dans la colline ; ce qui rend la suposition de ce grand réservoir évidemment fausse , puisqu'il se trouve peu de collines dont la base ait 55 milles d'Allemagne , & que très-souvent dans un tel eſpace on trouve quelquefois cent Fontaines & plus, qui donnent cent pieds cubiques d'eau dans une ſeconde, tant ſur les bords de la Seine qu'ailleurs. Il eſt donc évident que les réſervoirs d'eau ne ſont pas fort grands, mais qu'ils reçoivent de l'eau d'ailleurs pour leur entretien, qu'ils rendent aux Fontaines.

plures reverà reperiantur, quod vel ex Fontibus ad Sequanam pertinentibus ex §. 26. conſtare poteſt.) Admittenda igitur ſunt hydrophilacia ſat modicæ capacitatis, ſed quæ aquâ aliundè advectâ continuò aluntur. (§. 72.)

§. LXXV.

D'ailleurs ces grands réſervoirs qui ſe trouvent d'abord tous pleins, & à qui il n'arrive pas continuellement de nouvelles eaux, paroiſſent être dans le goût plûtôt de l'art, que de la nature, qui n'agiſſant jamais en vain, ne prend jamais que le moyen le plus parfait d'agir; & il ne faut point douter que dans l'explication d'un fait de Phyſique, l'hypotéſe qui employe

SCHOL. 2.

Accedit, quòd magna ejuſmodi aquarum reſervatoria ſimul & ſemel repleta, aut ſaltem continuis aquæ acceſſionibus deſtituta, artem & opus humanum magis deceant, quàm naturam, nonniſi optimo modo, ex Architecti divini decreto agentem; cùm modus deterior ſeu imperfectior (ſtante principio, Deum & Naturam nihil fruſtrà facere) locum habere nequeat. Nec dubitandum eſt, quin in re-

bus physicis explicandis, ea hypotesis pro hypothesi naturæ assumenda sit, quæ omnium hypotesium in se possibilium perfectissima deprehenditur, hoc est, ea, per quam brevissima via minimisque sumptibus propositum quantumvis licèt magnum obtinetur. Veri nominis Philosophi alitèr sentire nequeunt. Certè eadem sensisse videtur Cel. Fontenellius, (d) *quando in simili argumento physico explicando idem principium secutus, rem non minùs elegantèr, quàm significantèr, ita expressit :* La Nature est d'une épargne extraordinaire ; tout ce qu'elle pourra faire d'une maniere qui lui coûtera un peu moins, quand ce moins ne seroit presque rien, soyez sûr qu'elle ne le fera que de cette maniere-là. Cette

la voye la plus simple & la plus courte, ne soit précisement l'hypotése de la nature ; & par consequent la plus parfaite de toutes les hypotéses possibles. Les vrais Philosophes ne sçauroient penser autrement. C'est le sentiment du celebre Mr. Fontenelle, qui, suivant ce principe, dans un cas semblable s'exprime de la sorte... *La Nature est d'une épargne extraordinaire ; tout ce qu'elle pourra faire d'une maniere qui lui coûtera un peu moins, quand ce moins ne seroit presque rien, soyez sûr qu'elle ne le fera que de cette maniere-là. Cette épargne neanmoins s'accorde avec une magnificence surprenante, qui brille dans tout ce qu'elle a fait. C'est que la magnificence est dans le dessein, & l'épargne dans*

(*d*) *Vid.* Oeuvres diverses de Mr. de Fontenelle. *Tom.* 2. *pag.* 16.

l'execution. Il n'y a rien de plus beau qu'un grand dessein, que l'on execute à peu de fraix.

épargne neanmoins s'accorde avec une magnificence surprenante, qui brille dans tout ce qu'elle a fait. C'est que la magnificence est dans le dessein, & l'épargne dans l'execution. Il n'y a rien de plus beau qu'un grand dessein, que l'on execute à peu de fraix.

§. LXXVI.

Quoniam capita Fontium solo glareoso saxisque magnæ molis munita deprehenduntur, inter quorum interstitia aqua profluit (§. 70.) apparet, emissariorum naturalium fabricam adeò firmam durabilemque esse, ut eluvione aquarum, alias haud dubiè locum habitura, vitiari nequeant. Et quoniam frustrà munita essent emissaria, nisi etiam alveus, seu via aquæductûs subterranei naturalis contrà eluvionem munita foret; patet etiam canalium subterraneorum, aquam ad caput Fon- COROLL. 4.

La Nature ayant muni les ouvertures par où les Fontaines sortent, d'une terre graveleuse & de pierres de differente grosseur, à travers les interstices desquelles l'eau s'écoule (§. 70.) Il y a aparence que la Nature en a fait autant à l'égard des canaux soûterrains qui portent les eaux à ces ouvertures, parce que ces ouvertures & ces canaux doivent être très-solides pour résister au courant continuel des eaux.

tis deferentium fabricam, quantùm pro casu dato opus est, glareosam atque saxosam, aut alio quocunque modo, firmam durabilemque statuendam esse.

§. LXXVII.

SCHOLIUM.

Nimirùm cùm in deducendis ad Fontem aquis multoties aquarum ascensus, ob superficiem telluris salebrosam, vitari nequeat; aqua ascendens autem majorem vim canalibus inferat, quàm descendens: positâ canalium fabricâ minus firmâ, & materiâ eluvionis capaci, aqua jam benè percolata, iterùm turbida redderetur, imò canales ipsi collaberentur atque obstruerentur. Quod cùm sit absurdum (§. 70.) necesse est, ut horum canalium fabrica satis firma sit ac durabilis, consequentèr ex materia glareosa, saxosa, aliave, quæ eluvioni non est obnoxia.

Les eaux pour parvenir à la source, devant faire plusieurs détours, attendu les inégalitez de la superficie de la terre, & l'eau qui monte faisant plus d'efforts contre les parois des canaux, que celle qui descend, si les canaux n'étoient pas faits d'une matiere solide, il arriveroit que l'eau qui est deja transparente, se troubleroit, que les canaux s'affaisseroient ou se boucheroient; ce qui étant absurde, il s'ensuit que la matiere de ces canaux est graveleuse ou pierreuse, ou de quelqu'autre matiere qui ne soit pas propre à être entraînée par le courant.

§. LXXVIII.

OBSERV. 10.

Les mers particulieres que le continent ne renferme pas de tous côtez, communiquent avec l'Ocean par des canaux de mediocre largeur & profondeur, que l'on apelle détroits; & les mers que le continent entoure de toutes parts, y communiquent par d'autres especes de canaux cachez dans toutes ces mers, si l'on excepte les alternatifs du flux & du reflux dans l'Ocean & dans quelques autres mers, la superficie est toûjours dans le même état, malgré la quantité prodigieuse d'eau que les fleuves y versent.

Maria particularia non undiquè à continente clausa, communicant cum Oceano universali per canales apertos modicæ latitudinis profunditatisque, quos freta appellamus; maria clausa non item. In omni hoc marium genere (si regularem æstûs marini, in Oceano præsertim, imò & in nonnullis marium particularium locis observabilis, reciprocationem exceperis) superficies maris est in statu manente, etsi flumina mediatè aut immediatè stupendam aquæ quantitatem indesinentèr, aut in ista maria, aut directè in Oceanum effundant.

§. LXXIX.

COROLL. 1.

Comme l'élevation des mers particulieres est audessus de celle de l'Ocean,

Quoniam maria particularia altiora sunt Oceano proximo (§. 63.) & illorum

aqua abundans versùs Oceanum per freta defluit (§.62.) necesse est, ut Oceanus tantundem circitèr aquæ continuò amittat, quantùm tam ex maribus particularibus, quàm ex cæteris fluminibus directè recipit, & quidem aut per exhalationem solam, aut prætereà etiam per emissaria subterranea, seu voragines.

(§ 63.) & que l'eau qu'elles ont de trop, coule vers l'Ocean par les détroits, il faut que l'Ocean perde par des canaux soûterrains ou par les exhalaisons, autant d'eau qu'il en reçoit des autres mers & des fleuves.

§. LXXX.

COROLL. 2. *Similitèr in maribus particularibus, si freta sola non sufficiant ad tantundem aquæ, quantùm à fluminibus acquiritur, in Oceanum transmittendum; necesse est ut maria particularia alio modo ab isto aquæ excessu liberentur, sive per solam evaporationem hoc fiat, sive per voragines.*

La même chose doit arriver dans les mers particulieres, si les détroits ne leur suffisent pas pour laisser sortir leurs eaux, à proportion qu'elles en reçoivent.

§. LXXXI.

COROLL. 3. *Quare, cùm evaporatio sola in maribus atque Oceano, tanto, quanto opus est,*

Mais comme l'évaporation ne sçauroit enlever de l'Ocean & des autres mers, la quantité de ces eaux qu'il conviendroit (§. 19. 22.) il faut que ces mers versent ces eaux dans des canaux soûterrains.

exonerationis effectui producendo nimiùm impar sit (§. 19. 22.) necesse est ut non minùs in Oceano, quàm in nonnullis maribus particularibus voragines seu emissaria subterranea dentur. (§. 79. 80.)

§. LXXXII.

SCHOLIUM.

On a déja fait voir que les mers renfermées avoient des gouffres (§. 27. 34.) dans la suite l'on prouvera par experience, que l'Ocean, & les autres mers en ont aussi; & quoique peut-être l'on n'en ait pas encore vû dans l'Ocean, on ne sçauroit pourtant en douter après ce que nous en avons dit dans le §. 28.

Quòd maria clausa voraginibus instructa sint, jam suprà in §. 27. 34. ostensum est. Caterùm de voraginibus marium nonnullorum particularium, imò & Oceanorum, per experientiam ipsam suo loco commemorandam immediatè constabit. Etsi verò voragines in Oceano nemo fortè adhuc vidisset, hoc tamen per ea quæ in §. 28. monuimus, nihil valeret ad eas negandas, parùm ad eas in dubium vocandas.

§. LXXXIII.

OBSERVAT. II.

Si on philtre de l'eau de la mer, ou de l'eau salée

Si aqua marina aliave aqua salsa per terram sabu-

losam, glareosam, aliamve minùs pinguem, aut per quodcunque aliud medium, per quod res succedit, percolatur; salsedo ejus ab initio quidem, quamdiù medium sale nondùm satis saturatum est, aliquantùm minuitur, posteà autem atque salsa transmittitur, ac antè percolationem fuerat. (e) *Quòd si verò eadem caloris actioni exponitur, aqua dulcis sola paulatim exhalat, residuâ aquâ majorem majoremque salsedinis gradum sensim acquirente, donec ipsum sal concrescens solum relinquatur. Id quod ex consideratione Salinarum Occitaniæ, Algarbiæ, Luneburgensium, Halensium, &c. aliisque experimentis domesticis quandocunquelibet obviis, manifestum est.*

à travers une terre sabloneuse & graveleuse, ou à travers quelqu'autre milieu, on trouve dans le commencement que l'eau philtrée a moins de salure, parce qu'une partie du sel de l'eau s'imprégne dans la terre par où l'eau salée passe; mais lorsque la terre est une fois imprégnée de sel, l'eau qui s'y philtre conserve toute sa salure. Si vous exposez de l'eau salée à l'action du feu, l'eau qui s'en exhale peu à peu est douce, & le residu acquiert insensiblement tant de salure, qu'il ne reste enfin que des concretions de sel; ce qui se prouve par les salines du Languedoc, de Portugal, de Lunebourg & de Hall, & par des experiences domestiques & familieres.

(e) *Perrault* dans le Traité de l'origine des Fontaines. *p.* 751. & 791.

§. LXXXIV.

SCHOLIUM.

C'eſt pourquoi les ragoûts rechauffés ſont plus ſalés, parce qu'une ſeconde coction diminuë la quantité de l'eau; de ſorte que la même quantité de ſel domine ſur l'eau qui reſte; de là vient la ſalure.

Hinc etiam intelligitur, cur eſculenta ſalſa recocta, ſalſiora ſint ſemel coctis, quia ſcilicèt repetitâ coctione, maſſa aquæ minuitur, adeòque tum eadem ſalis quantitas, ad aquam puram reſiduam, majorem rationem acquirit, undè major ſalſedinis gradus pendet,

§. LXXXV.

COROLL. 1.

Lors donc que l'eau de la mer paſſe par les gouffres, ou à travers les terres graveleuſes dans les ſoûterrains, elle y conſerve la même ſalure qu'elle avoit au ſortir de la mer. (§. 83. n. 1.)

Quando igitur aqua marina ope voraginum (§. 81.) aut per canales patentes, aut per ſolum glareoſum, ſive in fundo maris, ſive ſupra fundum reperiundum (Belgis, Steen Grond & Steen Banck) *percolando, in loca ſubterranea transfertur, ea exindè nullam ſalſedinis jacturam facit, ſed aquè ſalſa manet, ac propè voraginem fuerat.* (§. 83. *n.* 1.)

§. LXXXVI.

COROLL. 2.

L'on ſupoſe que dans

Quod ſi autem eadem

præterea, in hoc cæco itinere, caloris undecunque orti actionem sustinere ponatur; parte aquæ dulcis per evaporationem separatâ & aliorsùm translatâ, aqua in canale residua salsedinem acquiret marinâ majorem, illa autem quæ in vapores abiit, si iterùm alicubi collecta ponatur, salsedinis expers erit, & eatenùs omninò dulcis. (§. 83. *n.* 2.)

ces souterrains, l'eau de la mer est exposée à l'action du feu, quel qu'il soit, il arrivera qu'une partie de cette eau s'évaporera; & si cette partie d'eau évaporée s'amasse dans quelque endroit, elle sera douce, & celle qui restera après l'évaporation de cette partie d'eau douce, sera beaucoup plus salée que l'eau de la mer.

§. LXXXVII.

COROLL. 3. *Consequentèr hæc ipsa aqua in canale subterraneo residua habebit gravitatem specificam marinâ majorem; altera autem ex vaporibus collecta gravitatem specificam marinâ minorem.* (§. 11.)

Par consequent l'eau évaporée aura une gravité specifique moindre que celle de l'eau de la mer; & au contraire l'eau qui restera dans le canal après l'évaporation aura une gravité specifique plus grande que celle de l'eau de la mer.

§. LXXXVIII.

OBSERVAT. 12. M. Perrault cherchant

Peraltius (f) *exploratu-*

(*f*) Traité de l'origine des Fontaines. *P. m.* 793.

à connoître ſi la nature de la terre de deſſous, étoit differente de celle de deſſus, après pluſieurs experiences qu'il a faites, ſoit dans les montagnes, les valons, les champs, les prés, les jardins, ou dans les fleuves, où la choſe a été pratiquable ; a trouvé que dans le même endroit, mais à differente profondeur, il y avoit differentes eſpeces de terre arrangées alternativement par couches. A la verité cet ordre des couches n'eſt pas le même par tout. Par exemple, ſous la terre labourable, on voyoit une couche de terre ſabloneuſe ; ſous cette couche il y en avoit une d'argile ; & ſous celle d'argile, il y en avoit une de ſable commun ; enſuite une autre de terre graveleuſe, entrecoupée

rus, an natura ſoli inferioris diverſa eſſet à ſolo ſuperiore, multis experimentis tam in montibus, collibus, agris, pratis, hortis, quàm in ipſis fluminum alveis fodiendo captis, deprehendit, in eodem loco, ſed ad diverſam profunditatem multas dari terræ ſpecies admodùm inter ſe differentes, & ad inſtar ſtratorum alternantes, etſi non ubique locorum eodem modo. Ex. g. *ſub terra arabili videbatur ſtratum arenoſum, ſub hoc argilloſum; poſteà ſequebatur ſtratum arenæ communis; deindè ſtratum glareoſum lapidibus diverſæ magnitudinis intermixtis, ſequente terrâ vaſis figulinis aptâ. Et ſic porrò. Hæc ſtrata nonnunquàm reperiebantur quaſi ad libellam diſpoſita, plerumque autem vario modo declivia, nunc vallem nunc clivum formantia, nunc ab alio ſtrato inter-*

rupta, nunc iterùm inter se contingentia. Hæc stratorum alternatio plenius agnoscitur ex observatione à Varenio (g) *descripta. Cùm Amstelodami, putei fodiendi gratiâ, ad* 230 *pedum profunditatem ventum esset, is observabatur stratorum ordo. Terra nigra horti culturæ apta non nisi* 7. *pedes alta erat, hanc excipiebat terra bituminosa pedum* 9. *dein sequebatur lutum molle ped.* 9. *arena ped.* 8. *terra hortensis ped.* 4. *argilla ped.* 10. *terra communis ped.* 4. *arena ped.* 10. *argilla ped.* 2. *arena alba ped.* 4. *terra sicca ped.* 5. *terra palustris ped.* 1. *arena ped.* 14. *arena luto mixta ped.* 3. *arena cum argilla mixta ped.* 5. *arena minutis mitulis marinis mixta ped.* 4. *argilla ped.* 102. *&* *tandem arena glareosa ped.* 31. Perraltius

de pierres de differente grosseur : il venoit après une terre propre à faire des vases, & ainsi de suite. Ces couches n'étoient jamais de niveau ; mais elles avoient toûjours plus ou moins de déclivité ; quelquefois elles étoient interrompuës par des couches de terre differente, & quelquefois elles se rejoignoient de nouveau. Cette difference de couches est parfaitement décrite par l'observation de Varenius. A Amsterdam, après avoir creusé la terre à la profondeur de 130. pieds, pour faire un puits, il observa cet ordre des couches de la terre. La terre noire de jardin propre à la culture, n'avoit que sept pieds de hauteur ; après étoit une terre bitumineuse, de la hauteur

(g) Geographiæ generalis, *part.* 3. *sect.* 2. *cap.* 7. *Prop.* 7. *P. m.* 46.

de neuf pieds ; enſuite une terre boüeuſe & molle, de la hauteur de neuf pieds ; du ſable, de la hauteur de huit pieds ; de la terre de jardin, de la hauteur de quatre pieds ; l'argile, de la hauteur de dix pieds ; la terre commune, quatre pieds ; du ſable, dix pieds ; de l'argile, deux pieds ; du ſable blanc, quatre pieds ; de la terre ſeche, cinq pieds ; de la terre de palu, un pied ; du ſable, quatorze pieds ; du ſable mêlé avec de la boüe, trois pieds ; du ſable mêlé avec de l'argile, cinq pieds ; du ſable mêlé avec des petits coquillages de mer, quatre pieds ; de l'argile, cent deux pieds ; & enfin une terre graveleuſe, trente-un pieds. Mr. Perrault continuë ainſi : Toutes les

modò laudatus (h) *ita pergit : quoties ſive in collibus, ſive in planitie, aquam putealem quærere juſſi, fodiendo circitèr uſque ad libellam fundi fluminis proximi pervenerant ; totiès occurrebat ſtratum arenoſum, ſub hoc glareoſum lapidibus minoris majoriſque molis intermixtis, ſequente ſtrato pinguis argillæ. Hanc ſodiendo tentans deprehendit duram, ſiccam & aquæ imperviam ; in ſtrato autem glareoſo & inter lapides ſemper aquam dulcem invenit. Ejuſmodi arenam, glaream cum lapillis, ſequente ſtrato argillæ aquam non tranſmittentis, in fundo fluminum ipſo animadvertit. Quando aqua fluminum extra ordinem ſubſedit, ripis curiosè inſpectis didicit, diverſa terræ ſtrata ab alveo fluminis eſſe interſecta, hic illic*

(h) *Loco citato.*

infra ripam ſuperiorem aquâ ex ſtrato glareoſo, fonticuli inſtar, manante & in flumen defluente. Quando Sequana Pariſiis extra ordinem intumuit, aqua, intra unius noctis ſpatium, plurimas ædium ſubſtructiones depreſſiùs ſitas, ipſius etiam Obſervatorii Regii concamerationes ſubintravit, quæ, Sequanâ licèt bidui aut tridui ſpatio detumeſcente, vix bimeſtri ſpatio in latibula ſua penitùs receſſit, caſſo deprehenſo labore eorum, qui, ſitulas & antlias ſuctorias adhibendo, citiùs ſe inundatione iſtâ liberari poſſe ſperaverant, novâ ſcilicèt aquâ in exhauſtæ locum continuò ſuccedente. Præterea notari meretur, quòd ad Mutinam Italiæ, referente Ramazzini (i), *in eodem loco diverſa reperiantur*

fois que j'ai voulu faire faire un puits, ſoit dans les colines, ſoit dans la plaine ; quand en creuſant, on étoit parvenu juſqu'au niveau du fleuve le plus voiſin, on trouvoit toûjours une couche de ſable ; & enſuite une terre graveleuſe mêlée de pierres de differente grandeur ; & après une couche de terre argileuſe, qui étoit dure, ſeche, & à travers laquelle l'eau ne pouvoit pas paſſer : il n'en étoit pas de même de la couche de terre graveleuſe, dans laquelle on trouvoit toûjours de l'eau douce ; & dans le fonds des rivieres on a toûjours trouvé ces couches de ſable, de terre graveleuſe mêlée de pierres & audeſſous, cette couche de

(*i*) De Fontium Mutinenſium admirandâ ſcaturigine. *Vid.* A. E. Lipſ. A. 1692. *p.* 505.

terre argileuſe, qui ne donnoit aucun paſſage à l'eau. Lorſque l'eau d'une riviere diminuë extraordinairement, pour peu que l'on en examine attentivement les rivages, on s'aperçoit que ces differentes couches de terre ſont interrompuës par le lit de la riviere, & que de part & d'autre, au-deſſous du bord ſuperieur du rivage, il coule de l'eau, en forme de Fontaine, des couches de terre graveleuſe, laquelle tombe dans le fleuve. Lorſque les eaux de la Seine ont augmenté conſiderablement, elles ont entré dans les caves des maiſons, qui ſe ſont trouvées au deſſous du niveau de la riviere, & elles ont entré auſſi dans les ſoûterrains de l'Obſervatoire. Mais quoique dans l'eſpa-

ſtrata latentibus aquis plena; e. g. *primum ſub profunditate* 16. *alterum ad profunditatem* 28. *tertium in profunditate* 63. *pedum; &, quod hocce ultimum ſtratum ab occaſu verſus ortum* 7000, *ab auſtro versùs ſeptentrionem* 4000 *circitèr paſſus excurrat, & ingenti terebrâ ad* 5 *ferè pedes adactâ perforatum, det aquam puriſſimam, ad* 63 *ferè pedes in puteo uno impetu aſcendentem, & nullâ vi humanâ exhauriendam, altitudine hujus aquæ, uti humidis anni temporibus nullum augmentum, ita ſiccis nullum decrementum patiente; & quod nonnunquàm cùm differtur terebratio, vix aquæ prementis, pondus terræ incumbentis excutiat. Inter ejuſmodi ſtrata mihi quoque connumeranda videntur ea, quæ in locis maritimis* (e. g. *Gedani*) *frequentèr ſub* 10 *plus minùs pedum profunditate deprehenduntur*(Unngrund) *quæ nonnihil aquæ vehunt, & aut in mare, aut in flumen declivia sunt, ita ut cloacæ ejusmodi stratum contingentes nunquàm purgari opus habeant.*

ce de deux ou trois jours, les eaux de la Seine eussent considerablement diminué, les eaux qui étoient dans les caves, ont resté plus de deux mois sans s'écouler, malgré même l'effet des pompes dont on se servit pour les ôter, croyant par-là enlever l'inondation qui demeuroit pourtant toûjours la même, parce qu'en même tems qu'on faisoit sortir de l'eau par la pompe, il en entroit de nouvelles d'ailleurs. Il faut observer qu'à Modene, au raport de Ramazzini, on trouve dans le même endroit differentes couches de terre où il y a des eaux cachées. Par exemple, la premiere couche est à la profondeur de seize pieds; la seconde est à la profondeur de vingt-huit, la troisiéme à la profondeur de soixante-trois pieds; & que cette derniere couche s'étend sept mille pas du Couchant au Levant, & quatre mille du Sud au Septentrion. Si l'on perce à la profondeur de cinq pieds cette derniere couche, il en sort tout-à-coup une eau très-pure, & qui monte à la hauteur presque de soixante-trois pieds, & qu'il n'est plus possible d'épuiser, quelque pluye qu'il tombe, quelque secheresse qu'il arrive, la hauteur de cette eau est toûjours la même; & il est arrivé, lorsqu'après avoir commencé à percer cette couche, on avoit ſuſpendu ce travail, que la force de l'eau de deſſous a fait ſauter le reſte de la terre qui n'étoit pas encore percée. Il faut auſſi que je raporte que parmi ces couches dans les lieux maritimes, on trouve fréquemment à la profondeur de dix pieds de ces réſervoirs ou couches aqueuſes qui ont quelque peu d'eau, & qui ont un panchant, ou vers la mer, ou vers quelque fleuve voiſin ; & que les cloaques qui touchent ces eſpeces de couches, n'ont jamais beſoin d'être nétoyées.

§. LXXXIX.

COROLL. I.

Il y a donc dans pluſieurs endroits du continent, à une médiocre profondeur, des couches de terre argileuſe impénetrables à l'eau, au-deſſus deſquelles il y a des couches de terre graveleuſe, mêlées de pierres de differentes maſſes, & qui fourniſſent une eau vive, qui ont peu de hauteur, mais qui s'étendent au loin & au large, qui ont leur panchant vers un fleuve, auquel il com-

In plurimis igitur terræ continentis locis ad mediocrem profunditatem, dantur ſtrata pinguis argillæ, aquæ impervia, quibus incumbunt ſtrata glareoſa lapidibus diverſæ molis intermixta, aquam vivam continentia, eaque parùm profunda, ſed longè latèque patentia, & hìc illìc versùs flumen proximum aliquantulùm declivia, cum quo per multos meatus anguſtos communicant, pro diverſa flu-

minis detumescentis aut intumescentis altitudine aquas suas ibi paulatim aut deponentia, aut indè nonnihil accipientia. Hæc aqua subterranea per strata telluris longè latèque interlabens, ubi puteis effossis detegitur aqua putealis *dicitur; totum autem aquæ putealis receptaculum, brevitatis gratiâ*, stratum aquosum *in posterum appellabimus.*

munique par plusieurs petits canaux, & qui, selon que le fleuve augmente ou diminuë, lui donnent ou en reçoivent de l'eau. Lorsqu'en creusant les puits, on arrive à cette couche de terre graveleuse, alors on rencontre l'eau; & dorénavant nous apellerons cette couche, la couche aqueuse

§. XC.

SCHOLIUM. *En nova vestigia Sapientiæ Bonitatisque divinæ ex eo conspicua, quòd Deus omnem ferè superficiem terræ habitabilis sub mediocri profunditate instruxerit stratis aquam dulcem, vivam, salubrem & benè percolatam continentibus. Hoc enim medio omnium perfectissimo is finis obtinetur, ut Terricolæ ubique locorum (*paucis & exiguis tractibus, ubi strata illa ab*

Nous avons ici de nouvelles traces de la Sagesse & de la Bonté divine, qui, à une médiocre profondeur au-dessous de la terre habitable, a placé des couches de terre, qui versent continuellement une eau douce, vive, salutaire & parfaitement bien philtrée. Par ce moyen admirable, les hommes peuvent trouver par tout de l'eau potable, ſi on excepte fort peu d'endroits, où les couches aqueuſes ſont interrompuës par quelques autres couches : (§. 88.) car les Fontaines, les rivieres, les lacs, les étangs, les courans d'eau ne peuvent pas être par tout à la ſuperficie. Jules Ceſar ſe douta bien autrefois de l'exiſtence de ce réſervoir general de l'eau des puits : car étant aſſiegé dans Alexandrie, ſes ennemis ayant détoürné les eaux du Nil qui fourniſſoient les eaux des cîternes, où les habitans puiſoient celles dont ils uſoient, conjectura que tous les rivages avoient des veines d'eau douce. Il ordonna donc à ſes Soldats de creuſer des puits; & dans une ſeule nuit, il trouva une grande quantité d'eau douce,

alio diverſi generis ſtrato interrumpuntur (§. 88.) *exceptis*) *aquam vivam, dulcem, putealem nimirùm, invenire poſſunt, cùm Fontes, flumina, lacus, ſtagna, aliaque fluenta ſuperficialia ubique locorum adeſſe nec poſſint nec debeant. Hoc generale aquæ putealis receptaculum jam olim divinando aſſecutus videtur* Julius Cæſar, *qui, cùm in parte Alexandriæ obſeſſus, per machinationes hoſtium, aquâ dulci ciſterninâ ex Nilo derivatâ, quâ tum ſolâ utebantur Alexandrini, intercluderetur, conjectans omnia littora naturalitèr aquæ dulcis venas habere, puteos fodere juſſis militibus, magnam unâ nocte vim aquæ dulcis invenit, contrà opinionem omnium, ut quibus perſuaſum erat, eam eſſe littoris Ægyptiaci naturam, ut nullas aquæ dulcis venas ha-*

beat (K). *Etsi itaque aliquando fossores stratum aquosum primum non offendant, spes tamen haud vana superest, fore, ut altiùs altiùsque fodiendo, in stratum aquosum secundum, aut tertium incidant, uti ex puteis Amstelodamensi, Mutinensibus & Alexandrinis modò descriptis haud difficultèr colligere licet.*

contre l'opinion de ceux qui croyoient que l'Egypte n'avoit aucune veine d'eau. Quoique les fossoyeurs ne rencontrent pas quelquefois d'abord la couche aqueuse ; cependant, il y a tout lieu de penser qu'en creusant plus avant, ils rencontreront la seconde, ou enfin la troisiéme, comme on en peut aisément juger par les puits d'Amsterdam, de Modene & d'Alexandrie, que nous venons de citer.

§. XCI.

COROLL. 2. *Cùm, ob superficiem terræ continentis admodùm salebrosam, collibus quippè vallibusque mirè distinctam, haud rarò accidere necesse sit, ut ejusmodi stratum aquosum ferè occurrat valli depressiori, emissario ejus aliquo in ipsam vallem hiante; patet Fontes perennes*

La surface de la terre étant extrêmement raboteuse & entrecoupée de colines & de valons, il doit arriver assez souvent que cette couche aqueuse rencontre le panchant d'une coline, & que quelques-uns de ses canaux s'ouvre dans le va-

(*k*) *Hirtius Pansa*, de Bello Alexandrino. §. 5. 6. 7. 8. 9.

lon. On voit par-là que les Fontaines perpetuelles doivent ſouvent ſourdre dans des endroits un peu élevez ; & que ces Fontaines ne ſont en effet que les aqueducs naturels de quelque couche aqueuſe qui eſt ſituée au-deſſus de la ſuperficie de la valée, d'où les eaux ſortent.

haud raro etiam in locis mediocriter ſaltem editis oriri debere, eoſque revera non eſſe niſi aquæductus naturales ex ſtrato aquoſo altius ſito, quàm eſt ſuperficies vallis ſubjectæ.

§. XCII.

On ne doit pas douter que ces couches aqueuſes ne s'étendent ſouvent juſque dans la mer voiſine, ou dans les rochers, ou dans les ſables qui ſont ſur le bord de la mer, & que quelques-uns des plus petits canaux de cette couche aqueuſe venant à paſſer ſous le rivage, ou ſous les bancs de ſable, dépoſent dans la mer ſes eaux qui y forment une eſpece de ſource d'eau douce.

Nec dubitandum eſt, quin ſtrata aquoſa ſæpiùs ferè ipſi mari proximo, aut ejus ſyrtibus, cumuliſque arenaceis littori præſtructis occurrant, hic illic emiſſario eorum modico ſub ripa maris, aut ſub cumulis arenaceis præſtructis, in mare hiante, cæcamque aquæ dulcis ſcaturiginem in ipſo mari efficiente. COROLL. 3.

§. XCIII.

COROLL. 4. *Undè etiam intelligitur, cur in littore marino non infrequentèr occurrant loca infida, oneri cedentia, atque adeò iter juxtà aquam maris ipsam facientibus, periculosissima, sub titulo arenæ errantis (Belgis* divaal gronden, *Germanis* trinb dund) *sat nota. Si enim ibi locorum adest cæca atque subterranea aquæ dulcis vena in mare hians, ob multam arenam à fluctibus contrà emissarium aggestam inobservabilis, aqua dulcis equidem nihilominùs per arenam aggestam percolabitur usque in mare; at arena inferior, ob aquam dulcem continuò interlabentem nimis levitèr sese contingens, præbebit fundamentum parùm firmum, novo oneri sustinendo impar futurum atque versùs mare, quà datur, cessurum, solo are-*

Voilà la raison pourquoi souvent sur les bords de la mer, on trouve de ces lieux perfides, ou fonds mouvans, très dangereux pour ceux qui voyagent sur le rivage, qu'on nomme ordinairement sables errans, en quelques lieux de France; en Allemagne, *bedouses*; en Hollande, *divaal groden*. Car si dans ces endroits il y a une veine souterraine d'eau douce qui sourde dans la mer, que l'on ne sçauroit apercevoir à cause de la grande quantité de sable que la mer jette dessus, & contre l'ouverture de cette veine, l'eau douce qu'elle porte se philtrera pourtant à travers tout ce sable, & ira se jetter dans la mer: le sable de dessous, imbibé qu'il est de l'eau douce qui le traverse continuellement, ne sera pas assez ferme pour résister à un poids ajoûté au sable qui est au-dessus, & il l'entraînera vers la mer, & le sable de dessus s'enfoncera d'abord sensiblement.

noso superiore simul sensim subsidente.

§. XCIV.

Comme les couches aqueuses versent continuellement, par une infinité de canaux, leurs eaux dans les fleuves voisins, soit que ces fleuves soient simples, soit qu'ils soient composez d'autres fleuves simples, il paroît que l'embouchure d'un fleuve composé est plus grande que le total de l'embouchure des autres fleuves qui le composent; & que l'eau qui coule dans le lit du fleuve simple, à une grande distance de sa source, ne lui vient pas toute de sa source; mais que la plus grande partie lui vient des couches aqueuses qui sont sous ses rivages.

Quoniam strata aquosa per multa admodùm emissaria in flumina vicina, sive ea simplicia fuerint, sive ex simplicibus composita, continuò defluunt (§. 88. 89.) patet 1°. sectionem ostii fluminis compositi notabilitèr majorem esse aggregato ex sectionibus omnium fluminum componentium. 2°. Aquam quam alveus fluminis simplicis in magna à Fonte distantia vehit non omnem Fonti aperto acceptam ferendam esse, sed ejus partem sæpè longè maximam strato aquoso circumjecto deberi. COROLL. 5.

§. XCV.

SCHOLIUM. *Ex quo manifestum est, à vero aberrasse eos, qui statuunt flumen compositum nullas aquas vehere, nisi à fluminibus confluentibus acceptas.*

Par là on prouve la fausseté de l'opinion de ceux qui croyent, qu'un fleuve composé ne reçoit que les eaux des fleuves qui se joignent à lui.

§. XCVI.

COROLL. 6. *Quando igitur fluminibus extra ordinem intumescentibus, aqua, intra unius circitèr noctis spatium, substructiones ædium subintrat* (§. 88.) *hoc non tam propterea accidit, quòd flumen ingrediatur in vicinum stratum aquosum, sed quòd, differentiâ inter altitudines libellæ strati, & libellæ fluminis decrescente, &, quod consequitur, pressione diminutâ, stratum aquosum per emissaria sua nunc tantundem aquæ in flumen deponere nequeat, quantùm ex locis strati superioribus conti-*

Lors donc que les fleuves venant à s'enfler, l'eau dans l'espace d'une nuit se jette dans les caves, on ne doit pas tant l'attribuer à ce que l'eau du fleuve entre dans la couche aqueuse voisine, qu'à ce que la proportion de l'élevation du niveau de la couche aqueuse sur celle du fleuve diminuë alors; & que par consequent la pression étant diminuée, la couche aqueuse ne sçauroit alors par ses canaux vuider dans le fleuve autant d'eau qu'elle en reçoit de plus haut;

de ſorte que les eaux étant retenuës dans la couche aqueuſe même, elles ſont obligées de couler où elles peuvent : c'eſt ce qu'elles font dans les ſoûterrains.

nuò advehitur, adeòque ſtratum ipſum ſuis magis quàm alienis aquis collectis intumeſcens, quà datur, erumpat & ſubſtructiones ædium ſubinfluat.

§. XCVII.

COROLL. 7.

Puiſque dans le territoire de Modene, quand on a percé une couche aqueuſe en creuſant un puits, l'eau monte rapidement à la hauteur de ſoixante-trois pieds, & que même quelquefois elle force le reſte de la couche de deſſus épais de cinq pieds, & la briſe avec violence. Et quoique cette eau ait un mouvement progreſſif, qui la pouſſe ailleurs, dans une direction preſque horiſontale, il s'enſuit par les loix de l'hydrauſtatique que les eaux ſouterraines, très éloignées de la ſupercificie, quand on percera la cou-

Cùm, ſtrato Mutinenſi terebrâ perfoſſo, aqua uno impetu ad 63. circitèr pedes in puteo aſcendat, imò, terebratione dilatâ, ſtratum incumbens 5. pedes altum ſæpè violentèr perrumpat, etſi aqua illìc non quieſcat, ſed ferè ſecundùm horizontalem directionem aliorsùm urgeatur atque præterlabatur (§. 88.) patet per leges hydroſtaticas, 1°. aquas ſubterraneas valdè à ſuperficie diſtantes, &, ſi aperiantur, aquam ad plures pedes aſcendentem præbituras ali ab aquis ex alto admodùm loco defluentibus. 2°. Iſtiuſmodi aquas ſubterraneas in-

gentem pressionem exercere versùs fundum terræ superincumbentis. 3°. Eas ope hujus pressionis ingentem terræ molem incumbentem (e. g. *uti in* §. 88. 7000 *passus longam*, 4000 *passus latam* , *&* 63 *pedes profundam*) *sine ullo fornice interveniente, à lapsu sustinere posse.* 4°. *Si aquæ ex alto loco continuò defluentes vehementiore aliquo terræ motu intercipiantur atque aliorsùm avertantur ; aquis subterraneis brevi exinanitis, & pressione istâ contrà fundum sublatâ, omnem terræ incumbentis molem* (e. g. *regionem Mutinensem*) *aliquantùm subsessuram, imò, si hydrophilacium subterraneum profundum satis fuerit, omninò submersum iri.*

che aqueuse, donneront des jets d'eau, qui jailliront fort haut, comme les eaux qui viennent des endroits élevés ; il s'ensuit encore que ces eaux exercent une grande pression contre les parois inferieurs de la terre qui est au dessus; que par le moyen de cette pression elles peuvent, sans le secours d'aucune voute, soutenir & empêcher de s'écrouler, une grande masse de terre de la longueur, comme il a été dit dans le §. 88. de sept mille pas, de la largeur de quatre mille, & de la profondeur de soixante-trois pieds. Si quelque violent tremblement de terre venoit à détourner le cours de ces eaux, qui des endroits élevés, coulent continuellement dans les couches soûterraines, alors les eaux soûterraines venant bientôt à manquer, elles ne soûtiendroient plus la terre qui est au-dessus par leur pression, &

une grande quantité de terrain ; par exemple, le territoire de Modene s'affaisseroit un peu, & peut être aussi seroit-il submergé si le reservoir de dessous se trouvoit assez profond.

§. XCVIII.

SCHOLIUM.

Il est vrai-semblable que c'est ce qui fut cause de la submersion de la Ville de Pleurs dans le Païs des Grisons. Pour l'expliquer, soit un vase de metal, assez large & assez profond A B C D, garni d'un robinet M ; qu'un tuyau long & plus étroit F G E, communique avec ce vase; que par l'ouverture F G, on verse de l'eau jusqu'à la hauteur F. Qu'on mette cependant sur la couverture A B du grand vase, des poids assez grands pour empêcher que l'eau que l'on verse, ne le souleve avec violence : ensuite que l'on ouvre le robinet M, qui est plus étroit que l'ou-

Verisimile est tristem Plurii, Rhætiæ oppidi, submersionem ex ejusmodi causis naturalibus §. 97. *n.* 4. *descriptis accidisse. Concipiatur enim vas metallicum, satis amplum profundumque* ABCD *epistomio* M *instructum ; cum hoc communicet tubus angustior, sed prealtus* FGE, *per lumen* FG *infundatur aqua usque ad* F, *dùm interà fundus superior* AB *ingentibus ponderibus oneratur, ne fundus* AB *violentèr ab aqua attolli possit. Deindè aperto epistomio* M *multò angustiore, quàm est lumen* FG, *tantùm aquæ per* FG *continuò affundatur, quantùm per* M *effluit. Constat ex hydrosta-*

ticis, pressionem aquæ contrà fundum superiorem AB *ferè æqualem fore ponderi cylindri aquei* HABI *baseos* AB *& altitudinis* BI, *impedituramque, ne fundus* AB *tanto licet pondere incumbente pressus, deorsùm cedat. Quòd si igitur pristinus aquæ affluxus per* FG, *aut omnis, aut magna ex parte sistatur, epistomio* M *aperto manente; libella aquæ* HI *vel* FG *brevi descendet usque ad* NO, *infra fundum* AB, *consequentèr, pressione contrà fundum* AB *sublatâ, basis* AB *tanto oneri incumbenti cedet, & pondera deorsùm ruent ab aqua residua* NOCD *absorbenda. Jam pro vase* ABCDM *substituatur lacus subterraneus sat profundus cum suis emissariis modicis; pro tubo semper pleno* FGE *suponatur sipho naturalis (seu stratum admodùm declive) in lacum*

vertureFG, que l'on verse par FG, autant deau qu'il en sort par M, il conste par l'hydraustatique que la pression de l'eau contre le dessous de la couverture AB, sera égale au poids du cylindre d'eau HABI, dont la base sera AB, & la hauteur BI; & que cette pression empêchera la couverture de s'enfoncer malgré les poids qu'elle porte. Mais si l'on verse moins d'eau, ou que l'on n'en verse plus par FG, & que le robinet M demeure ouvert, le niveau de l'eau HI, ou FG descendra bientôt jusqu'à NO, au-dessous de la couverture AB; par consequent la pression contre la couverture AB étant ôtée, cette couverture ne sera plus en état de soûtenir les poids qu'elle avoit au-dessus, & ils tomberont dans l'eau contenuë dans l'espace N O C D. Substituons à present au vase ABCDM, un lac soûterrain, assez profond, avec des ouvertures assés mediocres, & au tuyau toûjours plein F G E, substituons aussi un syphon naturel, par exemple, une couche aqueuse, qui aye son penchant & son ouverture vers ce lac, qui reçoit son eau d'un reservoir placé sur quelque montagne : à la couverture A B, substituons le territoire de Pleurs, que la pression de l'eau du lac soutient & empêche de s'affaisser dans le lac. Que si d'ailleurs vous suposez que par un tremblement de terre survenu, l'ouverture du syphon F G soit bouchée pour quelque tems, ou que le reservoir qui lui fournit de l'eau, a manqué, de sorte que l'ouverture F G se trouve au-dessus du reservoir ; ou que

hians, & ex alto montis alicujus hydrophilacio continuò replendus ; pro basi AB *cum ponderibus substituatur tractus Pluriensis, per pressionem aquæ contrà fundum* AB, *ne in lacum suppositum ruat, maximam partem sustentandus. Quòd si prætereà supponas, terræ motu interveniente, aut lumen siphonis* FG *saltem ad tempus obstructum esse, aut hydrophilacium saltem ad tempus defecisse, ut lumen* F G *supra aquam aliquamdiù exstet, aut emissarium* M *nimis ampliatum, aut infra* M *aliud emissarium apertum esse, aut quocunque alio modo pristinum aquæ per* FG *effluxum cessasse ; manifestum est, tractum Pluriensem, proprio pondere deorsùm ruere debuisse à lacu supposito satis profundo absorbendum.*

le robinet M vienne à se dilater trop; ou qu'au dessous de ce robinet il se fasse de nouvelles ouvertures ; & enfin que par quelque maniere que ce puisse être, l'abord de l'eau dans le syphon F G, soit empêché, il doit arriver que le territoire de Pleurs s'enfoncera dans le lac profond qui est au-dessous.

§. XCIX.

OBSERVAT. 13. *Si post pluviam copiosam, solum, paleâ ferreâ adhibitâ, foditur (sive locus montosus fuerit, sive campestris, sive cultus, sive incultus) solum ferè usque ad 2. pedes profunditatis humidum ac molle reperitur ; si ultrà fodere tentes, terra adeò sicca duraque deprehenditur, ut pala non ampliùs sufficiat, sed pastino utendum sit ad opus cœptum continuandum. idem planè observare licet, si aquâ ex piscinis aut stagnis artificialibus emissâ, solum fodiendo examinatur. Præthereà de stagnis naturalibus æquè ac artificialibus, ubicunque demùm sita sint,*

Si après une grande pluye on foüit la terre, soit dans les montagnes, soit dans les plaines, soit dans une terre cultivée, soit dans une terre inculte, on trouve la terre humide & molle, presque jusqu'à deux pieds de profondeur; si l'on veut aller plus avant, il faut alors quitter la bêche, & prendre la houë, si l'on veut continuer, tant alors on trouve la terre dure & seche. On observe la même chose, si on creuse la terre qui est au dessous des viviers, & des étangs que l'art a formés. Il est d'ailleurs assez connu, que les étangs, soit naturels, soit artificiels, quelque part qu'ils soient placés, même dans les rochers des montagnes, conservent assez constament leurs eaux, si on en excepte cette portion que les exhalaisons en enlevent pendant les chaleurs : on observe aussi la même chose dans les fossez que l'on fait pour détourner les eaux des terres à semer, ou déja semées. Les experiences exactes que le celebre M. de la Hire a fait pendant plusieurs années, prouvent aussi la même chose; elles lui ont apris que l'eau de la pluye ne s'insinuoit pas dans la terre au-delà de seize pouces; & la quantité de l'eau de pluye d'une année ne passe pas vingt-

etiam inter confragosa montium) *itemque de fossis, in quas aqua ex agro consito aut conserendo derivatur; satis constat, quòd aquam per omnem æstatem satis fidelitèr contineant, præter eam partem, quæ tempestate calidâ sensim exhalat. Huc quoque pertinent experimenta Cel.* de la Hire (l) *magnâ solertiâ adhibitâ, per complures annos continuata, ex quibus didicit aquam pluvialem non ultrà* 16. *digitos Paris. in terram sese insinuare. Quantitas autem aquæ pluvialis & nivalis annua non excedit* 28. *digitos seu* $2\frac{1}{3}$ *ped. Paris.* (m). *Denique* Peraltius (n) *experimentis factis didicit, aquâ* 6. *pedes altâ opus fore, si eam usque ad* 18. *pedes profunditatis in terram pene-*

(*l*) Memoires de l'Academie Royale des Sciences. A. 1703. p. 68.
(*m*) *Perrault*. Traité de l'Origine des Fontaines. p. m. 803. *seqq.*
(*n*) *Loco citato*, 804.

trare, eamque humidam & mollem reddere debere ponamus.

huit pouces, ou deux pieds un $\frac{1}{3}$ Enfin M. Perrault a connu par ses experiences, qu'il faloit six pieds d'eau pour qu'elle fût capable de penetrer la terre jusqu'à dix-huit pieds de profondeur, & la rendre humide & molle.

§. C.

COROLL. *Cùm igitur terra, sive culta, sive inculta, sive montosa, sive campestris, aquam pluvialem vix usque ad 2. pedes profunditatis imbibat, imò etiamsi multò profundiùs aquam admittere supponas, omnis pluvia annua* $2\frac{1}{3}$ *ped. vix sufficiat ad terran* ($\frac{18.2\frac{1}{3}}{6} = \frac{3.7}{1.3} =$) 7 *pedes altam, humidam saltem & mollem reddendam* (§. 99.) *strata autem aquosa ad multò majorem profunditatem sita sint* (§. 88. 89.) e. g. *ad Mutinam Italiæ, sub profunditate 63, minimum 28. ped.* (§. 88.) *eorumque partes nonnullæ versùs flumen vici-*

La terre cultivée ou non, soit sur les montagnes ou sur les plaines, ne s'imbibe d'eau de pluye qu'à la hauteur de deux pieds; & à supposer que l'eau pût penetrer plus bas, la pluye d'une année, qui ne monte qu'à deux pieds & $\frac{1}{3}$ suffiroit à peine pour rendre humide & molle la terre à sept pieds. Or les couches aqueuses sont fort au dessous. (§. 88. 89.) A Modene, par exemple, elles sont à soixante-trois pieds, ou tout au moins à vingt-huit (§. 88.) Leurs canaux ont leur penchant vers le fleuve voisin, & rarement voit-on le fleuve pencher vers la couche aqueuse. Il s'ensuit donc que ni les pluyes qui tombent sur les montagnes & sur les plaines, ni les fleuves qui s'enflent, qui débordent, & qui montent quelquefois au-dessus du niveau des couches aqueuses, ne fournissent pas les eaux aux couches aqueuses, mais qu'elles les reçoivent d'ailleurs. Il est encore plus évident que les Fontaines perpetuelles, sur tout les plus élevées n'en reçoivent pas aussi leurs eaux.

num declives sint, raro autem flumen versus stratum (§. 88. 96.) *Apparet, strata aquosa non ali ab aquis pluvialibus in loca montosa aut campestria decidentibus; neque ali ex fluminibus nonnunquàm intumescentibus, & super ripas effusis; neque ali ex fluminibus quandoque paulò altiùs supra emissaria stratorum assurgentibus, sed eorumdem pabulum continuum aliundè arcessendum esse. Multò magis patet, Fontes perennes, præsertim eorum altissimos seu primarios, non ali ab aquis pluvialibus, nec ex fluminibus, altiùs solito nonnunquàm inflatis.*

§. CI.

SCHOLIUM.

Cependant M. Mariotte, si curieux dans ses recherches, assure que l'eau de pluye penetre la terre jus-

Industrius Naturæ Scrutator, Cel. Mariottus (o) *equidem affirmat aquam pluvialem penetrare in terram*

(o) Traité du mouvement des eaux. *Edit. Leidensis, p.* 334. 336.

usque in strata aquosa, ope innumerabilium exiguorum tubulorum, cum tubulis capillaribus vix comparandorum, & in terra non culta præcipuè reperiundorum. At verò hanc divinationem fallere, tubulosque istos supponi magis, quàm ostendi, satis apparet ex iis, quæ à §. 88. usque ad §. 98. hìc demonstrantur.

qu'aux couches aqueuses, par le moyen d'une infinité de canaux si petits, qu'à peine pourroit-on les comparer à des tuyaux capillaires, & que l'on peut appercevoir, surtout dans les terres incultes. Mais ce que nous avons dit depuis le §. 88. jusqu'au 98. prouve assez que ces especes de canaux capillaires, sont plus suposez que démontrez.

§. CII.

OBSERV. 14. *Plerisque annis, hieme senescente, ventus calidus cooritur, per quem omnis nivis copia repentè liquescit, &, torrentibus aquarum per declivia decurrentibus, flumina valdè intumescunt, ac hìc illìc super ripas effunduntur, inundatione istâ per 3. 4. aut paulò plures dies durante. Similitèr, ferè quotannis, per omnem Europam, mensibus Julio, Au-*

Presque tous les ans sur la fin de l'hyver, il s'éleve un vent chaud, qui fond sur le champ les neiges qui grossissent les rivieres, & causent des inondations qui durent trois ou quatre jours, & quelquefois plus long-temps; de même presque toutes les années pendant le mois de Juillet, d'Août & d'Octobre, il tombe une pluye si abondante en plusieurs lieux de l'Europe, qu'elle cause dans l'Automne des inondations aussi grandes que celles du Printemps. Il y a cependant des années où ce vent chaud ne regne pas, mais le temps se trouvant calme, sec, & un peu froid, la neige ne se fond point; elle se dissipe peu à peu par évaporation : il y a aussi d'autres années pendant lesquelles le temps est presque toûjours sec, & il n'y survient que très peu de pluye; par consequent il n'y a ni inondation, ni débordement au Printemps, ni à l'Automne. D'ailleurs il faut remarquer que dans une année de secheresse, les étangs les moins profonds tarissent peu à peu, & que cependant les Fontaines perpetuelles, sur tout les plus élevées, semblent fournir

gusto atque Octobre, copiosa admodùm pluvia cadere solet, per quam flumina, ineunte autumno, haud paulò minùs intumescunt atque inundationes pariunt, quàm principio veris à nive repentè liquatâ. Intercurrunt tamen etiam anni, quibus, exeunte hieme, nix, deficiente vento calido, non repentè, imò, planè non funditur, sed sereno, sicco atque frigidulo cœlo regnante, à radiis solaribus paulatim, ut vulgò loqui solemus, consumitur, seu potiùs in vapores resolvitur. Similitèr iisdem annis nonnunquàm accidit, ut & per reliquum anni tempus siccitas cœli regnet, & pluviæ rarò ac minùs copiosæ interveniant, fluminibus proptercà, nec verno, nec autumnali tempore intumescentibus, & extra alveum egredientibus. Cæterùm notandum est, quòd quando ſiccitate per totum ferè annum laboratur, ſtagna quidem minùs profunda ſenſim penitùs exſiccentur; Fontes tamen perennes, præſertim altiſſimi ſeu primarii, eandem ad ſenſum aquæ quantitatem ſuadere pergant, nec flumina, nec ſtrata aquoſa deficiant, libella tamen aquæ, tam in fluminibus quàm in nonnullis puteis ſatis notabilitèr, ſed tardè admodùm ſubſidente.

toûjours la même quantité d'eau; que ni les fleuves, ni les couches aqueuſes ne tariſſent point. Il faut avoüer pourtant que le niveau de l'eau des fleuves & des puits, baiſſe aſſez conſiderablement, mais long-temps après.

§. CIII.

COROLL. I.

Quoniam ſtagna Fontibus deſtituuntur, non niſi à nive liquatâ, torrentibuſque aquæ pluvialis replenda; in anno autem ſicco vel horum alterutrum, vel utrumque deficiat (§. 102.) aqua ſtagnorum in anno ſicco, jam ante caloris æſtivi actionem, ad paucorum admodùm pedum altitudinem conſiſtet. Quare cùm aqua minùs profunda, cæteris paribus, majorem evaporationem patiatur, quàm

Comme les étangs n'ont point de ſource, & qu'ils n'ont d'eau que celle qu'ils reçoivent par les torrens, des pluyes & des neiges fonduës, & que dans une année de ſechereſſe, l'une & l'autre reſſource manquent aux étangs (§. 102.) il arrivera que dans ces années de ſechereſſe, leurs eaux diminuëront long-temps avant les grandes chaleurs de l'été; car puiſque moins les eaux ont de profondeur, & plus à proportion (toutes choses égales) elles perdent plus par l'évaporation, que celles qui ont plus de profondeur. (§. 20.) Il ne doit donc pas paroître surprenant que le niveau de l'eau des étangs moins profonds, baisse plus dans le même temps pendant la secheresse, que l'eau des étangs beaucoup plus profonds, & que par consequent ces premiers étangs se dessechent si facilement.

magis profunda (§. 20.) patet ratio, cur, siccitate diù durante, libella aquæ in stagno minùs profundo, eodem tempore multò altiùs descendat, quàm in stagno profundiore, adeòque stagna exiguæ profunditatis tam facilè exsiccentur.

§. CIV.

Mais quelque secheresse qu'il fasse, les Fontaines les plus regulieres, même les plus élevées, par consequent les plus éloignées de la mer (§. 2. n. 2. 3.) semblent toûjours donner la même quantité d'eau; & on observe que les Fontaines moins élevées que les précedentes, donnent alors un peu moins d'eau qu'à

COROLL. 2.

Quoniam, anno quantumvis sicco existente, Fontes perennes, præcipuè eorum altissimi, hoc est, maximè à mari remoti, (§. 2. n. 2. 3.) nihilominùs eandem ad sensum aquæ quantitatem fundere pergunt; in Fontibus autem minùs editis quantitas aquæ effluentis non nihil decrevisse observatur (§. 102.) denuò ut in §.

100. *consequitur nullos Fontes perennes ali à nive liquata & ab aquis pluvialibus, minimum non immediatè. Hoc enim si foret, Fontes altissimi in anno sicco omnium primi, minùs minùsque editi, magis magisque tardiùs languescere deberent, & præterea hydrophilacia Fontium deberent esse amplissimæ capacitatis. Quod tamen utrumque experientiæ adversatur.* (§. 102. 73. 74. 75.)

l'ordinaire. Par consequent les Fontaines perpetuelles, élevées, ne sont pas entretenuës par la fonte des neiges, & par les eaux de pluye : car si cela étoit ainsi, les Fontaines élevées devroient les premieres, dans un temps de secheresse, souffrir de la diminution dans leurs eaux ; & le décroissement des eaux devroit arriver beaucoup plus tard aux Fontaines qui sont plus basses. D'ailleurs les reservoirs des Fontaines devroient être d'une étenduë immense. Tout cela est contraire à l'experience. (§. 102. 73. 74. 75.)

§. CV.

COROLL. 3. *Si annus magnitudine aquarum laborat, flumina à nive liquata & à copiosa pluvia plus semel intumescunt, & extraordinaria libellæ fluminis altitudo aliquot dies durat* (§. 102.)

Si dans une année pluvieuse, les fleuves grossissent extraordinairement par les pluyes & par la fonte des neiges, & que le niveau de l'eau demeure de beaucoup plus haut qu'à l'ordinaire pendant quelques jours; (§. 102.) des couches aqueuſes qui verſent leurs eaux dans les fleuves, n'y en verſent plus tant alors, & leur niveau monte auſſi alors plus haut qu'à l'ordinaire (§ 96.) & lorſque les fleuves diminuent, les couches aqueuſes y verſent à la vérité beaucoup de leurs eaux; mais il faut beaucoup de temps avant que leur niveau deſcende auſſi bas qu'il l'auroit été, s'il y avoit eu de la ſechereſſe pendant l'année, & que les fleuves n'euſſent pas groſſi leurs eaux; mais lorſqu'il y a eu de la ſechereſſe, rien n'a empêché les couches aqueuſes d'y verſer les leurs continuellement, & le niveau de leur eau baiſſe un peu plus qu'à l'ordinaire, ſans que pourtant jamais la couche aqueuſe

interea verò, ſtrata aquoſa hìc illic in flumen hiantia, non tantùm aquæ, ac ſolent, in flumen deponunt, ſed eorum libella per aliquot dies aſcendit (§. 96.) & flumine detumeſcente, ſtratum quidem abundantem aquam in flumen deponit, ſed tamen ſatis magno tempore opus eſt, antequàm libella aquæ in ſtrato ad inſolitam profunditatem deſcendere poſſit. Si verò annus ſiccitate laborat, adeòque flumen nunquàm intumeſcit, ſtratum aquoſum non impeditur, quominùs continuò in flumen ſolitam aquæ quantitatem effundat, adeòque libella aquæ in ſtrato profundiùs ſolito tandem deſcendit, nec tamen propterea ſtratum aquoſum planè deficit, quia continuò aliundè alitur, atquè ut Fontes perennes, uti in §. 132. oſtendetur. Accedit, quòd unà cum libella aquæ in ſtrato deſcen-

dente, pressio aquæ decrescat, & languidè admodùm per emissaria defluat; consequentèr stratum aquosum etiam ex hac ratione, intra unum alterumque annum siccum penitùs deficere nequeat.

tarisse, parce qu'elle est entretenuë d'ailleurs comme le sont les Fontaines regulieres, ainsi qu'on le fera voir dans le §. 132. il arrive alors qu'à mesure que le niveau s'abaisse, la pression de l'eau diminuë aussi, & que sa sortie par les ouvertures devient aussi moins rapide à proportion; & par ce moyen la couche aqueuse ne sçauroit tout à fait se dessecher, quand même la secheresse regneroit pendant un, ou deux ans.

§. CVI.

COROLL. 4. *Libella igitur aquæ in puteis (§. 89.) si descendit, ea (per leges hydraulicas) descendet motu retardato; si verò ascendit, ea itidem ascendet motu retardato.*

Si dans les pluyes le niveau de l'eau descend, (§. 89.) cela ne peut venir, selon les loix de l'hydraustatique, que par un mouvement retardé; si le niveau monte, cela ne peut aussi venir que par un autre mouvement retardé.

§. CVII.

OBSERVAT. 15. *Terra habitabilis non ubique ad quamcunque profunditatem continua est; sed*

La terre habitable n'est pas continuë dans toute sa profondeur, mais elle est interrompuë dans plusieurs endroits, sur tout dans les montagnes, par des cavernes soûterraines, souvent très spacieuses, parmi lesquelles on peut d'abord raporter comme la plus connuë, la caverne *Baumaniana*, située dans les montagnes de la Forêt de Reynie. Dans les Alpes, on trouve des rochers qui ont des fentes d'une profondeur étonnante, & qui ont cela de particulier, que le grand froid qui y regne à cause des glaces qui sont au-dessus, donne aux habitans du lieu la facilité d'y conserver, pendant les chaleurs de l'été, les viandes qu'ils y suspendent avec des cordes. D'ailleurs il est connu que la ville de Pleurs dans le païs des Grisons, avec une montagne voisi-

multis in locis, præcipuè montosis, habet cavernas subterraneas sæpè admodùm spatiosas, inter quas caverna Baumanniana (p) *in montibus Hercinii saltûs sita, ut notissima, primo loco nominari meretur. In tractibus Alpinis reperiuntur rupes, fissuris, inexplorabilis plerumque profunditatis, horrendæ, hoc quoque nomine memorabiles, quòd, ob plurium annorum glaciem incumbentem, cavernæ istæ frigidissimæ sint, adeò ut accolæ carnes crudas tempore æstivo diù conservaturi eas, ex fune suspensas, in ripas rupium immittere soleant.* (q) *Præterea notissimum est totum Rhætiæ oppidum, Plurium nomine, unà cum monte proximo, A.* 1618. *in ejusmodi cavernam suppositam præcipiti casu subsedisse, lacu profundo*

(*p*) Conf. A. E. Lips. *A.* 1702. *p.* 305. *seq.*
(*q*) *Vid.* Erasmi Francisci, *&c.* p. 248.

nunc oppidi montisque locum occupante. (r) *In Carniola, referente Cel. de Valvasor* (s) *dantur specus diversis naturæ artificiis mirandæ, inter quas caverna propè* Podpetſchio *tantæ capacitatis eſt, ut in ea chylias Equitum commodè in aciem diſponi queat; lacu inſuper ingenti ſubterraneo ac diverſis ſyphonibus à natura fabrefactis inſignis. Speciatim de ſpecu* Adelsbergenſi *refert, ſe iter duorum milliarium in ea emenſum, adminiculo facium accenſarum; aſt neminem adhuc ad ejus terminum pertigiſſe. Cæterùm locum ibi pro integris pagis exſtruendis ſufficientem ſuppetere; præcipitia quoque tam horrenda in eadem exſtare, ut lapis indè delabens, vix binam poſt recitationem Orationis Dominicæ ſonum edere au-*

ne, fut engloutie dans une caverne de cette eſpece, qui étoit au-deſſous : un lac profond occupe à preſent la place de cette Ville & de cette montagne. Dans la Carniole, au raport du celebre Valvaſor, il y a des cavernes, ſingulieres par l'artifice que la nature y a employé, parmi leſquelles il s'y en trouve une près de Podpetſchio, qui eſt d'une ſi grande étenduë, que l'on pourroit y ranger en bataille pluſieurs eſcadrons de Cavalerie, & qui outre cela, a un très grand lac, qui reçoit ſon eau par pluſieurs ſyphons que la nature y a conſtruit. Le même Auteur raporte particulierement de la caverne d'Adelsberg, qu'il y avoit fait le chemin de deux mil-

(r) *Vid.* Burnetii Itinerarium, p. 268. *ſeqq.*
(s) *Vid.* A. E. Lipſ. A. 1689. p. 557. *ſeqq.*

le pas, par le moyen des flambeaux allumez ; mais que jamais personne n'en avoit vû le fonds ; qu'il y auroit assez d'espace pour bâtir des bourgs & des villages ; qu'il s'y trouve des précipices si profonds & si affreux, que si l'on y jette une pierre, on a le temps de reciter deux fois l'Oraison Dominicale, avant d'entendre le bruit qu'elle y fait en arrivant au fonds. Le Pere Gabriël *Rzazynsky* Jesuite, dans son Histoire naturelle de Pologne, raporte, qu'outre les cavernes soûterraines de Kiovie, dans la Podolie, il y a au Village de *Krzywcze* une grande caverne dans laquelle étoit des voutes magnifiques par leur grandeur & par leur hauteur, dont les murailles ressembloient à des rochers rom-

diatur. Gabriel Rzazynsky *Societ. Jesu, in historia naturali regni Poloniæ* (t) *refert, præter cryptas subterraneas Kiowienses in Podolia, ad pagum Krzywcze esse cavernam ingentem, in qua sint fornices amplitudine & altitudine spectabiles, cujus parietes sunt fractis rupibus similes; longitudinem antri, etiam rivulos limpidos continentis, sciri non posse, nemine hactenùs ad ipsam extremitatem progredi auso. Imo ipse memini, me per montes Thuringiæ iter facientem, monentibus locorum peritis, haud procul* Salfelda, *in summo ferè montis jugo, observasse rupem arrectam, fissurâ pollicaris latitudinis instructam, ejus naturæ, ut alternatim per aliquot horas aër sensibilitèr indè erumpat, levemque materiam fissuræ admotam propellat, per ali-*

(t) *Vid.* A. E. Lipſ. A 1722. p. 12.

quot horas autem aër irrumpens materiam levem in fissuram rapiat. Denique silentio prætereundi non sunt montes ignivomi, seu vulcani, quorum cavitates horrendæ communicant cum aliis cryptis subterraneis ad plurium milliarium distantiam excurrentibus, de quibus testantur terræ motus in longè dissitis locis eo maximè tempore observati, cùm Vulcanus proximus flammas eructando sævit.

pus : sa longueur étoit inconnuë, parce que personne n'avoit osé la parcourir ; mais on y voit plusieurs petits ruisseaux, d'une eau extrêmement claire. Je me souviens que passant par les montagnes de Turin, ceux qui connoissoient le païs me firent voir assez près de Salfelda, presque au sommet d'une montagne, un rocher droit qui avoit une fente de la largeur d'un pouce, avec cette particularité, que pendant quelques heures, il en sortoit de l'air ; & les matieres legeres que l'on y mettoit en étoient repoussées ; qu'alternativement pendant quelques autres heures, l'air y étoit attiré, & les matieres qu'on mettoit dessus y étoient entraînées. D'ailleurs il faut aussi faire mention des volcans, dont les grandes cavités communiquent avec d'autres soûterrains à la distance de plusieurs milles, comme le prouvent les grands tremblemens de terre, que l'on ressent à une distance immense, dans le même temps que le volcan le plus près jette ses flammes.

§. CVIII.

Corolл. I.

Le rocher de Thuringe pousse l'air au dehors pendant quelques heures (pendant six) si je ne me trompe, & l'attire à lui pendant un semblable espace de temps; sans doute parce que son ouverture répond à une grande caverne; & comme dans la Carniole près de Podepetschio, on a observé des eaux soûterraines, versées par des syphons que la nature y avoit construit, (§. 107.) il ne faut pas douter que dans la caverne de Thuringe, il n'y ait aussi des eaux versées par de semblables syphons. Cela une fois posé, il sera aisé de rendre raison de ce phenomene, tirée des loix de l'hydraustatique & de la nature des Fontaines intermitentes. Car tandis que l'eau souterraine, qui coule par son

Quoniam rupes ista Thuringiæ per aliquot (ni fallor, 6) horas, aërem per fissuram continuò expellit, & per totidem circitèr horas aërem sorbet; necesse est, ut fissura ista in vastam cavernam subterraneam hiet, & cùm in caverna Carniolæ, propè Podpetschio, *aquæ subterraneæ cum syphonibus à natura fabrefactis planè & propriè observatæ sint* (§. 107.) *dubitandum non est, quin etiam in caverna ista Thuringiæ aquæ subterraneæ cum syphonibus naturalibus reperiantur. His namque admissis, rationem hujus phænomeni, per leges hydraulicas, ex natura Fontis intermittentis, facilè reddere licet. Quamdiù enim aqua subterranea per canalem in cavernam ruens nondùm ascendit ad libellam, in qua est vertex siphonis quomodocunque recurvi, nihil aquæ per brachium siphonis longiùs effluit, & aër loco pulsus per fissuram rupis egreditur. Quando autem libella aquæ verticem siphonis superare incipit, aqua per brachium longius, aut ad radicem montis, aut in aliam cavernam itidem fissurâ instructam, copiosiùs effluit, quàm per canalem affluit, adeòque libellâ aquæ in caverna descendente, aër locum derelictum occupaturus per fissuram irrumpit, donec lumine brachii minoris supra aquam aliquantulùm exstante fluxus siphonis sistatur. Quo facto, aqua denuò in caverna ascendens, aërem per fissuram expellit. Et sic porrò.*

canal dans la caverne, n'est pas encore parvenuë au niveau où se trouve l'extrêmité du syphon recourbé, il ne sortira pas une goute d'eau par la longue branche du syphon, & il n'en sortira que de l'air, parce qu'il est lui-même poussé ; mais lorsque le niveau de l'eau commence à être au-dessus de l'extrêmité du syphon, alors l'eau sort par la longue branche, & coule vers le pied de quelque montagne, ou vers quelqu'autre caverne qui a aussi son ouverture. L'eau coule, dis-je, plus abondament qu'elle n'est portée par le syphon naturel ; de sorte que le niveau de l'eau de la caverne est obligé de descendre, l'air y prend la place que l'eau quitte, rentre de nouveau par la fente, tandis que l'ouverture de la branche courte du syphon étant au dessus de l'eau, le syphon ne peut plus en verser ; & l'eau qui vient de nouveau à monter dans la caverne, chasse l'air par la fente, & ainsi alternativement.

§. CIX.

L'idée d'un semblable syphon naturel, placé au pied d'une montagne ou d'une coline, donne aussi l'idée d'une Fontaine intermitente.

Quòd si igitur istiusmodi siphonis naturalis brachium longius ad radicem montis aut collis alicujus terminetur, lumen ejus per intervalla regularia scaturiens & deficiens, sistet Fontem periodicum naturalem. COROLL. 2.

§. CX.

Comme les voutes & les parois des grandes cavernes soûterraines de *Baumanniana*, de la Podolie, & d'ailleurs, sont faits dans un roc vif & très dur, & que les fentes des montagnes qui communiquent à ces cavernes sont aussi faites dans des rochers très-durs & très grands (§ 107.) la construction de ces cavernes doit être regardée comme très-solide, très-durable, & parfaitement à l'abri des insul-

Quoniam in cavernis subterraneis spatiosis, e. g. *in Baumanniana, Podoliensi & similibus, tam fornices, quàm parietes, quibus illæ sustentantur, ex vivo durissimoque saxo constant, & præterea fissuræ montium in cavernam hiantes rupibus durissimis magnæ crassitudinis quasi incisæ deprehenduntur* (§. 107); *nec fornix nec parietes cavernæ oneri incumbenti cedere possunt, nec fissura ab humore exedi aut obstrui, nec fornix ipsa ab humore* COROLL. 3.

vitiari. Consequentèr harum fabrica cavernarum firmissima censenda est, maximèque durabilis.

tes des eaux qui les traversent.

§. CXI.

SCHOLIUM.

En quàm sollicitè natura hisce organis hydraulicis naturalibus ab ruina atque destructione præcaverit Quòd si igitur in posterum nobis fabricam telluris considerantibus occurrent alia naturæ opera hydraulica illis similia, tutò inferre licebit, eorum fabricam interiorem, æquè ut in illis, quantùm pro casu dato opus est, firmam, durabilem, atque ex saxosa, aliâve idem præstante materiâ confectam esse, etsi eam aut nunquàm viderimus, aut per rerum naturam ejus interiora observare nequeamus. Ipso enim illust. Hugenio (u) *judicante in rebus physicis plurimum pon-*

Telle est l'industrie que la nature a employé pour la conservation de ces organes hydrauliques; & si dans la suite nos recherches sur la construction de la terre, nous offrent des ouvrages hydrauliques, semblables à ceux-là, nous pourrons en toute sureté avancer, quoique nous n'ayons jamais pû les voir, ni les examiner, que leur fabrique, toute de pierre ou de matiere semblable, est aussi solide & durable que peut l'exiger leur destination, Huygens trouve que les raisons tirées de l'analogie & des choses connuës, raportées aux incon-

(*u*) In Cosmotheoro. *p. m.* 16. 17.

nuës, sont d'un grand poids en matiere de Phisique. En suivant cette maxime, lorsque nous aurons vû & connu une machine naturelle, nous pourrons fort bien faire nos conjectures sur toutes les autres du même genre.	*deris habet illa ex similitudine petita, & à rebus visis ad non visas producta ratio, quàm sequentes ex machina naturali una quam coram adspeximus, de reliquis ejusdem generis rectè conjecturam faciemus.*

§. CXII.

On trouve que dans les differentes cavernes soûterraines, tout comme dans les differentes couches de la terre, la temperature de l'air varie beaucoup. Ramazzini est le premier qui a trouvé par le Thermoscope, que la temperature de l'air, dans les puits de Modene, au milieu de l'hiver, étoit peu differente de celle des jours caniculaires dans le même pays; & qu'au con-	*Temperies aëris, tam in diversis cavernis subterraneis, quàm in diversis telluris stratis, multotiès admodùm diversa reperitur.* Ramazzini (x) *auctor est, mediâ hieme temperiem puteorum Mutinensium, teste Thermoscopio, parùm differre à calore dierum canicularium in regione Mutinensi; æstivo contrà tempore, intensum frigus persentiscere fossores, magnâ angi respirandi difficultate, & suffocari pe-*

OBSERVAT. 16.

(x) De Fontium Mutinensium admiranda scaturigine. *Vid.* A. E. Lipſ. A. 1692. *p.* 507.

nè ab ingenti fumosa exhalatione, quæ & lumina extinguit. Crypta canum Neapolitana (y) *lethifera est, eademque flammam extinguit. Montes ignivomi, quorum, quantùm constat, in Africa hodiè nulli, in Europa* 7, *in America ampliùs* 27, *in Asia* 7, *reperiuntur* (z), *vapores calidos, sulphureos, & nonnumquàm in flammam abeuntes emittunt. Præterea in omnibus ferè regionibus magnus datur thermarum, seu Fontium calidorum numerus. (in Bohemia aliisque Austriacis ditionibus generali nomine* Toplitz *vocantur). Horum in sola Germania* 120 *& ampliùs, diversæ licèt naturæ, numerantur, satis testantes de calore subterraneo per viscera telluris longè latèque disseminato. Siquidem thermæ Aquisgra-*

traire pendant l'été, les fossoyeurs ressentoient un très-grand froid dans ces puits, y avoient une très-grande difficulté de respirer, & étoient presque suffoquez par une vapeur épaisse qui y éteignoit les lumieres. La grotte du chien, à Naples, est mortelle; les lumieres s'y éteignent aussi. Les Volcans, dont il ne reste plus dans l'Affrique, & qui dans l'Europe sont au nombre de sept, dans l'Amerique plus de vingt-sept, & sept dans l'Asie, jettent des vapeurs chaudes sulphureuses, qui s'enflâment quelquefois. D'ailleurs, presque dans tous les pays, il y a un grand nombre de Fontaines chaudes; dans l'Allemagne seule, il s'en trouve plus de cent vingt

(y) *Vid.* A. E. Lipf. A. *1696. p.* 555.
(z) Becmanni Historia orbis terrarum Geogr. *P. m.* 301. 302.

de differente espece. Preuve assez forte d'une chaleur soûterraine, repanduë préque par tout dans la terre. Les eaux termales d'Aix la Chapelle, par exemple, sont si boüillantes, qu'il faut les laisser refroidir pendant 12. heures, avant qu'on puisse s'en servir pour laver. On doit sur tout faire attention à ce que l'on observe dans quelques montagnes, d'où l'on a vû échaper des vapeurs très-épaisses; après quoi les Fontaines des environs ont cessé de couler.

Mr. Perrault, sur la foi du Pere François, Jesuite, raporte que sur le sommet de la montagne Odmiloost en Sclavonie, après qu'on eut creusé dans des rochers, à la profondeur de dix pieds, on

nenses tanto fervore ebulliunt, ut earum aquæ priùs per 12. *horas ad tepescendum seponantur, antequàm ad lavandum adhiberi queant.* (a) *Præcipuè attentionem meretur quòd in nonullis montibus verè deprehensi sint densi vapores, quibus liberum exitum nactis, Fontes vicini brevi tempore exarucrunt. Certè* Peraltius (b) *fide* Francisci *è Societ. Jesu, de monte Sclavoniæ* Odmiloost *ita ferè narrat. Cùm in hujus jugo montis ingentis molis lapidibus effossis ad* 10 *pedes profunditatis ventum esset, occurrebat ingens saxerum ordo, ad instar strati. His remotis, per rimas soli erumpebat vapor, ad instar densæ nebulæ, per totos* 13 *dies continuatus. Diebus autem* 24 *elapsis, Fontes perennes ad radicem montis circumjecti aquâ def-*

(a) Eduardi Brovvn Itinerarium. *p.* 187.
(b) Traité de l'origine des Fontaines. *p.* 819.

titubantur. Eodem Peraltio (c) *referente, Monachi Ordinis Cisterciensium Meudonii, qui locus 2 milliaribus à Parisiis abest, molendinum possident aquis à vicino Fonte perenni derivatis animatum. Cùm Fons iste aliquando in dies præter naturam parciùs aquam effundere, usumque molendi deteriorem reddere cœpisset, omnibus causam rei insolitæ requirentibus, tandem suspicio orta est, lapicidinam in vicino agro nuper exerceri cœptam, & ex cujus solo nudato ingentem per rimas vim vaporum continuò erumpere constabat, fortè in causa esse. Empto igitur exiguo vicino agro, id enixè curabant Monachi, ut lapicidina pristino statui redderetur, sperantes, hoc facto, Fontem quoque solitam aquæ copiam præbiturum. Comprobavit consi-*

avoit rencontré des couches de cailloux ; & qu'après avoir enlevé ces cailloux, il sortit, par les fentes de la terre, une vapeur épaisse, en forme de nuage, qui continua pendant treize jours de suite; & qu'au bout de vingt-quatre jours les Fontaines perpetuelles qui étoient au pied de la montagne, furent taries. Le même M. Perrault raporte aussi qu'à Meudon, il y un moulin apartenant à des Riligieux, lequel n'avoit de l'eau que d'une Fontaine, qui peu à peu tarit, & par ce moyen rendit le moulin inutile. On rechercha la cause de cet évenement ; & parce que dans le voisinage, on avoit ouvert une carriere, & qu'il en sortoit depuis une grande quantité de vapeur, on soupçonna que

(c) *Loc. cit. p.* 820.

l'éruption de ces vapeurs en étoient la cause ; & sur ce soupçon, les Moines acheterent la carriere & la comblerent, esperant par là retablir la source de la Fontaine qui fournissoit de l'eau à leur moulin. Ils réüssirent; car peu de jours après la Fontaine recommença à couler avec la même abondance.

lium hominum eventus, siquidem Fons paucis diebus elapsis aquas suas omninò recuperavit.

§. CXIII.

COROLL. I.

Comme l'on ne sçauroit concevoir qu'il puisse sortir des fentes trouvées au sommet d'une montagne, des vapeurs épaisses, si au dessous il n'y a pas de grandes cavernes, dans lesquelles il y a de l'eau, & sur laquelle la chaleur agit ; & qu'il conste par les §. 107. & 112. que toutes ces choses se trouvent dans les montagnes, il faut conclure que dans les entrailles de la terre, & des montagnes, il y a réellement des cavernes, où il y a de l'eau, soit douce,

Quoniam densi vapores ex rimis montis nudatis per plurium dierum intervallum erumpentes, sine ingenti caverna, sine aqua in caverna latente, itemque sine calore in eam agente concipi nequeunt, eaque reverà in montibus adesse per observationes constat (§. 107. 112.) patet dari loca subterranea montesque, in quorum visceribus sunt ingentes cavernæ, præter temperiem calidam, multùm etiam aquæ (sive ea salsa, sive non salsa esse supponantur) in fundo cavernæ continentes, ex quibus, quantumlibet profundis, aqua dulcis per exhalationem separata (§. 86.) sub vaporum forma usque ad fornicem cavernæ ascendit ibi in guttulas iterùm colligenda, si vapori nullus per rimas exitus pateat.

soit salée, & sur laquelle quelque chaleur agit; d'où, quelque profondeur qu'on puisse leur donner, l'eau s'exhale, en forme de vapeurs, jusqu'à la voute de la caverne, où elles s'amassent en petites gouttes, si ces mêmes vapeurs ne s'échapent pas par des fentes.

§. CXIV.

COROLL 2.

Cùm porrò fornicis interior superficies necessariò versùs latera declivis sit, ipsaque cavernæ figura satis anfractuosa atque irregularis existat (§. 107.) guttulæ ex bullulis ad fornicem collectæ sensim defluunt versùs parietes cavernæ, ibique diversos aquæ rivulos efficientes, hìc illìc confluunt in stratum glareosum in fornicem hians atque extrinsecùs declive, donec tandem per emissarium strati ad radicem montis effudantur, Fontem satis fri-

Comme la surface interieure de cette voute a necessairement sa pente vers les côtés, & qu'elle est tortueuse & inégale, les gouttes qui se sont formées par la jonction des bulles des vapeurs ramassées à la superficie de la voute, coulent peu à peu vers les parois de la caverne, & y forment des filets d'eau qui se jettent dans les couches acqueuses, qui communiquent avec la caverne,

& qui suivent la pente de ces couches, jusqu'à ce qu'elles trouvent quelque issuë au pied de la montagne, où elles formeront une Fontaine d'eau assez froide, si les couches par où elles ont passé, parcourent un long espace, & que dans ce long chemin elles ne rencontrent pas de chaleur soûterraine : au contraire, la Fontaine sera d'eau chaude, si les couches par où les eaux passent, sont de peu d'étenduë; ou quoique d'une longue étenduë, si elles sont exposées à l'action d'une chaleur soûterraine.

gidum præbituræ, si via per stratum longa atque disjecta est, nec novus calor subterraneus in via ipsi occurrit; aut Fontem calidum, siquidem via, aut brevis atque coarctata est, aut longa quidem disjecta, sed novo calori subterraneo agenti obnoxia.

§. CXV.

COROLL. 3.

S'il arrive que les vapeurs qui devroient s'attacher à la voute de la caverne, rencontrent des fentes, ou quelqu'autre ouverture, par laquelle elles sortent, la chaleur & l'évaporation de la caverne diminuëront peu à peu, & il s'ensuivra que par cette dissipation des

Quòd si igitur accidat, ut fissuris quibusdam in fornice apertis, magna vaporum ascendentium pars liberum exitum nanciscatur, calida cavernæ temperies & exhalatio ipsa multùm minuetur. Consequentèr, præter jacturam aquæ ex vaporibus elapsis aliàs colligendæ, sensim minùs minùsque aquæ

sub fornice colligetur, nec ea sufficiet ad stratum alendum, adeòque horum emissaria, hoc est, Fontes brevi deficient.

vapeurs, il s'amassera peu à peu au-dessous de la voute, moins d'eau, & qu'insensiblement cette quantité d'eau diminuëra, tant qu'lle ne pourra plus en fournir aux couches aqueuses, qui à leur tour n'en fourniront plus à leurs Fontaines.

§. CXVI.

COROLL. 4. *Quoniam integritate fornicis salvâ manente, continuus calor in caverna repe-riundus in auras dissipari nequit; Fontes à tali caverna pendentes, perennes erunt, si aqua in fundo cavernæ continuò sit in statu manente; aliàs aut defecturi, aut saltem periodici futuri. Quare, cum fornice nusquàm aperta Fontes ad radicem montis ordinariè perennes esse observentur (§. 70.); necesse est ut ordinariè in fundum cavernæ tantundem circitèr aquæ continuò aliundè advehatur, quantùm per exha-*

Si la voute de la caverne demeure entiere, & qu'il ne s'y fasse aucune fente, alors la chaleur qui est continuelle dans ces cavernes, ne sçauroit se dissiper; & les Fontaines qui en dépendent, seront durables & regulieres, si l'eau du fonds de la caverne se trouve continuellement au même point : car sans cela, les Fontaines seroient ou periodiques, ou tariroient tout-à-fait. Donc puisque les cavernes qui n'ont jamais de ces ouvertures, produisent des Fontaines regulieres & durables; il faut qu'ordinairement dans leur fonds, il arrive autant d'eau que l'évaporation en enleve; de sorte que l'abaissement du niveau fait insensiblement par l'évaporation, est réparé par de nouvelle eau, que fournit quelqu'autre réservoir.

lationem sensim consumitur, ita ut altitudine libellæ aquæ exhalantis insensibilitèr diminutâ, non nisi hoc decrementum ex alio hydrophilacio in libellam istam hiante mox restituatur.

§. CXVII.

Mais quel est le méchanisme hydraulique que la nature employe pour y réüssir; c'est ce que découvrira celui qui connoîtra la nature des Fontaines intermittentes, par les principes de l'hydraulique. Si on objecte que ce méchanisme tient plûtôt de l'art, que de la nature qui est plus simple dans ses ouvrages; l'on se trompe, parce que les corps terrestres, soit en particulier, soit en general, sont dans

SCHOLIUM.

Quali machinamento hydraulico natura id præstet, facilè divinabit, qui ex elementis hydraulices naturam Fontium intermittentium satis perspectam habet. Si quis verò causetur, artem humanam ita sapere, & probabile non videri, ut natura in operibus suis tot artificia adhibeat, is toto cælo aberrare mihi videtur, ut qui non intelligit, opus humanum quantumvis artificiosum, ex exigua saltem parte organicum atque machinosum esse; corpora au-

tem mundi, ſive partialia, ſive totalia, quanta quanta ſunt, organica eſſe, & ex omni parte, ultrà quàm vulgo credibile eſt, machinoſa. Cæterùm minimè nunc opus videtur, ut inquiramus undè calor iſte in cavernis atque ſtratis oriatur, ſed ſufficit certos nos eſſe, eum non fingi, ſed reverà exiſtere. (§. 107. 112.) *Nihilominùs & hujus cauſæ, ſi opus foret, haud adeò difficultèr aſſignari poſſent. Huc pertinet, quòd D. Charas* (d) *motus phænomeno olei vitrioli ab aqua communi affuſa valdè incaleſcentis, Fontium calidorum cauſam deducat, ex commixtione aquæ cum ſuccis acribus vitrioli aut ſulphuris, quibus accedere quoque poſſint alii ſales, aut calces ſubterraneæ, quas perluit aqua. Huc quoque*

leur tout, des machines beaucoup plus organiſées que l'on ne penſe; & que les ouvrages des hommes, conſtruits avec le plus d'art, ne ſont des machines que très peu organiſées, en comparaiſon du monde entier & de toutes ſes parties, dont la conſtruction eſt bien plus méchanique qu'on ne croit. Il n'eſt pas queſtion à preſent de rechercher d'où vient aux cavernes & aux couches la chaleur qu'on y obſerve; il ſuffit de la certitude que nous avons de l'exiſtence de cette chaleur. (§ 107. 112.) Neanmoins il ne ſeroit pas ſi difficile d'en trouver les cauſes, s'il étoit ſi neceſſaire. On peut raporter à cela ce que dit M. Charras, qui, voyant

(*d*) In Commentariis Mathematico-Phyſicis Acad. Reg. Scient. Pariſ. An. 1692.

l'huile de vitriol échauffer beaucoup l'eau commune que l'on mêloit avec elle, a cru que la cause des Fontaines des eaux chaudes, venoient du mélange de l'eau avec les sucs acres du vitriol, du soufre & des autres sels, ou des chaux soûterraines que les eaux traversent. On peut aussi raporter cette singuliere experience de la production du feu & de la flâme, par le mélange de deux liqueurs actuellement froides. Cette experience a été faite par M. Frid. Slare, Medecin. Voici comme il l'a decrite.

Prenez du nitre & du vitriol, parties égales; faites-en distiller, au feu de sable, dans un recipient, un esprit de nitre composé, que vous aurez

spectat experimentum singulare, de productione ignis & flammæ à commixtione duorum liquorum actu frigidorum à Frid. Slare Medic. D. inventum & ab eodem descriptum. (e) *Recipe nitri & olei vitrioli partes æquales, & fac ut ex retorta igne arenæ candefacta distillet in vas recipiens spiritus nitri compositus, ab aëris accessu sollicitè custodiendus. Deindè vasi satis capaci immittatur pars una olei cujusdam essentialis distillati vel vegetabilis,* e. g. *caryophillorum. Huic cautè superfundantur partes duæ spiritûs nitri compositi; quo facto, exorietur magna cum celeritate & strepitu flamma parùm diuturna, relinquens caput mortuum leve & insipidum. Ubi nec illud omittendum, in vacuo etiam*

(e) In Transactis Phil. Angl. mens. Septemb. & Octob. Anno 1694. *p.* 201. *seqq.*

succedere hoc experimentum, & à flamma excitata disjici vas recipiens, non sine adstantium periculo.

grand soin de garantir des atteintes de l'air ; mettez ensuite dans un vase assez grand, une partie de quelque huile essentielle, distillée des vegetaux, de l'huile de gerofle, par exemple : sur cette huile versez doucement deux parties de cet esprit de nitre composé ; alors il s'élevera avec bruit, & tout-à-coup une flâme qui durera peu, & qui laissera au fonds du vase un *caput mortuum*, insipide & leger. La même experience se fait dans le vuide ; mais alors la flâme qui s'en éleve, brise le recipient avec violence, & les éclats peuvent blesser les assistans.

§. CXVIII.

OBSERVAT. 17. *In Oceano æquè ac in nonnullis maribus particularibus haud pauci observati sunt vortices, seu euripi, seu voragines maris (Belgis* mael ftroom *dicti) certo tempore magnam aquarum molem in gyrum agendo intra recessus subterraneos demittentes aut emoventes, quorum aliqui aquas perpetuò sorbent, alii perpetuò eructant, alii certis temporum intervallis*

On a observé dans l'Ocean & dans quelques autres mers particulieres, plusieurs gouffres, dont les uns, pendant un certain tems, engloutissent & régorgent alternativement les eaux ; d'autres qui les absorbent toûjours ; & d'autres enfin qui les vomissent continuellement. Le plus fameux de ces gouffres est dans la Norwege ; ſon contour eſt de plus de cinq milles d'Allemagne. Pendant le reflux, qui eſt de ſix heures, il engloutit les baleines, les vaiſſeaux, les arbres ; enfin tout ce qui en aproche : & pendant le flux, qui eſt auſſi de ſix heures, il jette au dehors, avec un bruit & une violence horrible, & très-haut, tout ce qu'il avoit abſorbé. Les eaux qui en ſortent, forment des colomnes d'eau, aſſez éloignées les unes des autres, & toutes de differente hauteur, & qui vûës de quelques pieds audeſſus de l'horiſon, forment une eſpece d'amphiteâtre, celles de derriere paroiſſant plus élevées que les premieres. Le gouffre près de l'iſle Ubée, abſorbe & régorge les eaux ſept fois le jour ; celui de Charibde, dans la

alternatim aquas ſorbent & evomunt. Horum celeberrimus, &, quantùm conſtat, maximus eſt vortex ad Norwegiam in oceano Deucaledonio, cujus ambitus eſt quinque milliarium Germ. & ampliùs, qui eodem tempore, quo refluxus maris contingit, 6. nempè horarum ſpatio, cuncta ſibi apropinquantia, ut balænas, naves, arbores, & vicina quævis alia, ad ſe rapiendo in gyrum agit & abſorbet ; totidem verò horis, durante fluxu, omnia iterùm ingenti vi & ſtrepitu, miſerè lancinata ad magnam altitudinem eructat, aquis ſalientibus, multas admodùm columnas aqueas notabilitèr ab invicem diſtantes, formantibus ; eaſque altitudinis haud parùm diverſæ, cùm nonnullæ columnæ, etſi ab oculo, paucos ſaltem pedes ſupra horizontem elevato, remotiores, vicinioribus tamen altiores appareant (f). *Euripus propè insulam Eubæam septiès, Charibdis propè littora Calabriæ & Siciliæ, ter de die alternatim sorbet & vomit* (g). *Ubi id singulare est, quòd in Charibdi, cùm vomit, aqua ibi subsultet atque ebulliat, quasi igne cacabo subjecto* (h), *Scylla in freto Siculo* (i), *Euripus in freto Babelmandel, aliique in sinu Persico, in freto Magellicano, quantùm mihi constat, perpetuò sorbent.*

Calabre, en fait autant trois fois le jour; & il y a ceci de singulier dans le gouffre de Charibde, c'est que lorsqu'il vomit ses eaux, on voit dans l'eau des boüillonnemens semblables à ceux que pourroit produire un feu qui seroit au-dessous. Le gouffre de Silla en Sicile, ceux du détroit de Babelmandel, du golphe Persique, du détroit de Magellan, & les autres, autant que j'ai pû le sçavoir, absorbent toûjours les eaux.

§. CXIX.

SCHOLIUM.

His observationibus confirmantur ea, quæ suprà de existentia voraginum in maribus apertis (§. 81.) *atque clausis* (§. 27. 28. 34.) *ratiocinando assecuti sumus.*

Ces observations confirment ce que nous avons dit de l'existence des gouffres dans les mers ouvertes & fermées (§. 27. 28. 34.) Dailleurs il est vraisem-

(*f*) Franc. à Frankenau descriptio Voraginis Mael-Stroom. *p.*
(*g*) Becmanni Historia orbis terrarum geograp. & civil. *p.* 41.
(*h*) Becmanni Historia orbis terrarum geograp. *p. m.* 41.

blable, qu'outre les gouffres connus, il y en a une infinité d'autres que l'on n'a pû découvrir, à cause de l'immensité de la mer, ou à cause des syrtes, des écueils & des rochers qui empêchent d'en aprocher, & d'en découvrir ailleurs; ou dont les ouvertures, qui peuvent avoir une direction horisontale, ou déclinée à l'horison, sont cachées à l'observateur, à cause de leur distance à la superficie de la mer. Il se peut bien aussi que dans les mers accessibles, il y a de ces gouffres qui absorbent & vomissent, mais dont les ouvertures moins considerables & éloignées les unes des autres, le font insensiblement: & je ne doute presque pas qu'une bonne partie des syrtes, des bancs de sable & des bancs de cailloux, qui sont à

Cæterùm verisimillimum est, præter hos euripos observatos, plures dari alios, ob vastitatem marium, & ob loca syrtibus, scopulis, cautibusque longè latèque inaccessa, & quod aliquorum ad magnam à superficie maris profunditatem collocatorum, lumina directionem horizontalem aut ad horizontem inclinatam habere possunt, difficultèr observabiles. Quin & in locis maris accessis dari possunt utriusque generis euripi, insensibili ferè impetu aquam aut sorbentes aut vomentes, sed longè latèque patentes. Mihi certè vix dubitandum videtur, quin plurimæ syrtes, plurimi cumuli arenacei aut lapidosi littoribus in mediocri distantia paulò infrà superficiem maris hinc indè præstructi (*Gallis*, banc de sable, banc de cailloux; *Belgis*, sand-banck, steenbanck, haken; *Hispanis*;

baixos *dicti*) *præsertim ubi æstuaria* (*Belgis* brandinge) *vicina sunt, euriporum ejusmodi cæcorum, minùsque periculosorum officio fungantur.*

une médiocre distance des rivages, & un peu au-dessous de la superficie de la mer, ne fassent la fonction des gouffres borgnes ou cahez, & moins dangereux que les autres.

§. CXX.

COROLL. I. *Quoniam omnes euripi, tam vomentes, quàm sorbentes, hactenùs cogniti, propè littora continentis aut insulæ, & præcipuè in angustiis fretorum locati sunt* (§. 118. 119.); *patet* 1°. *Aquas absorptas, in primo casu deferri in loca subterranea terræ firmæ aut insulæ adjacentis; in altero autem casu in loca subterranea terræ utrinque adjacentis.* 2°. *Aquas eructatas prodire ex locis subterraneis terræ firmæ aut insulæ proximæ, aut ex subterraneis terræ utrinque adjacentis.*

Comme tous les gouffres connus jusqu'à present, soit qu'ils absorbent, soit qu'ils vomissent, sont tous placez près du continent ou d'une Isle, & sur tout dans les détroits (§. 118. 119.) Il paroît 1°. Que les eaux absorbées sont engouffrées dans les soûterrains du continent, ou des Isles du voisinage. 2°. Que les eaux rejettées sortent des soûterrains de la terre ferme & des Isles voisines.

§. CXXI.

COROLL. 2. *Quoniam euripus Norwe-*

Puisque le gouffre de

Norwege, en vomiſſant ſes eaux, forme des colomnes d'eau de très-different hauteur, & aſſez éloignées les unes des autres (§. 118.), il faut que ces eaux viennent de differens canaux ſoûterrains, & très-éloignez les uns des autres, & dont les ouvertures ne communiquent pas enſemble ; ou ſi ces eaux viennent d'un même ſoûterrain par le même canal, il faut qu'elles ſoient pouſſées dans la mer par pluſieurs ouvertures.

giæ, dum vomit, multas format columnas aqueas, admodùm inæqualitèr altas, & notabibitèr ab invicem diſtantes (§. 118.); *aquæ eructatæ, aut ex diverſis continentis locis ſubterraneis, multùmque ab invicem remotis, per canales à ſe invicem diſcriminatos, & nullo communi lumine gaudentes, in mare irrumpunt; aut ex uno ſaltem loco continentis ſubterraneo, per unicum canalem, ſed multis luminibus inſtructum, in mare ejaculantur.*

§. CXXII.

A ſupoſer que ces eaux ne ſortent que par un canal. 1°. Il ſera d'une étenduë immenſe, qui ſupoſé de figure cylindrique, exigeroit un diametre de plus de mille pieds geometriques. 2°. Ce canal, quoique plus grand, cependant

COROLL. 3.

Si ponamus poſterius; 1°. *Canalis iſte ſubterraneus ampliſſimæ erit capacitatis, & ad cylindri figuram reductus poſtulabit diametrum vel mille ped. geom. excedentem.* 2°. *Canalis iſte, etſi ingens, tamen unicus, pauca ſaltem terræ continentis loca ſubter-*

ranea attingendo, paucis ſaltem locis utilis erit. 3°. Columnæ aqueæ ex hujus canalis diverſis luminibus aſcendentes, ob diverſam luminum amplitudinem atque reſiſtentiam, non admodùm altitudine differrent. Quare, cùm primum & ſecundum non conſentiat cum legibus, quas natura in ſuis aquæductibus ſequi ſolet (§. 31. 74. 75.); *tertium verò obſervationibus repugnet* (§. 118.), *ponendum erit poſterius, hoc eſt, aquæ eructatæ ex diverſis continentis locis ſubterraneis, multumque ab invicem remotis, per canales à ſe invicem diſcriminatos, & nullo communi lumine gaudentes, in mare irrumpunt.*

unique, ne touchant qu'à peu d'endroits du continent, ne ſera auſſi utile qu'à peu d'endroits. 3°. Les colomnes d'eau qui partent du même canal par des ouvertures differentes, ſeroient à peu près de la même hauteur, quoique la réſiſtance & la grandeur des ouvertures de ce canal fuſſent differentes : c'eſt pourquoi, la premiere & ſeconde propoſition étant contraires aux loix que la nature obſerve dans ſes aqueducs (§. 31. 74. 75.) ; & la troiſiéme étant auſſi contraire à l'obſervation (§. 118.) il faut poſer en fait que les eaux rejettées par les gouffres viennent de differens ſoûterrains très-éloignez les uns des autres, par des canaux ſeparez & diſtincts, & qu'elles entrent dans la mer par des ouvertures qui ne communiquent pas enſemble.

§. CXXIII.

Cela une fois admis, 1°. Des canaux d'une mediocre grandeur suffiront. 2°. L'eau passant à travers un plus grand nombre de soûterrains, sera utile à un plus grand nombre d'endroits. 3°. Ces canaux partant de lieux qui sont à differente distance de la mer, les colonnes d'eau qui en sortiront, seront aussi de differente hauteur.

Hoc scilicet admisso. 1°. *Canales subterranei modicæ amplitudinis sufficiunt.* 2°. *Eorum aqua longè pluribus locis subterraneis quos perfluit, utilis evadit.* 3°. *Canales isti, ut ex locis à mari diversimodè remotis, consequentèr diversimodè altis* (§. 2.) *orti, efficient aquæ salientis columnas altitudine admodùm differentes.* SCHOLIUM.

§. CXXIV.

Il faut donc que le gouffre de Norwege, lorsqu'il engloutit les eaux, les précipite par une très-grande ouverture, dans un canal soûterrain d'une étenduë immense, ou qu'il les disperse, par plusieurs ouvertures, dans des canaux soûterrains de mediocre grandeur, & qui se distribuent

Porrò, sorbente euripo Norwegiæ, aut aqua per unum saltem vastissimæ amplitudinis hiatum præcipitatur in unum canalem subterraneum ingentis capacitatis, aut per multos hiatus modicos, in diversos canales subterraneos mediocres longè latèque excurrentes defertur. Quare, cùm horum prius ab- COROLL. 4.

ſurdum eſſe eodem modo oſtendi poſſit, quo in §. 122. *n.* 1. *&* 2. *uſi ſumus; patet voraginem per multos hiatus modicos, in diverſos canales ſubterraneos modicæ amplitudinis aquam abſorptam deferre. Accedit, quòd in voragine in freto collocata ad minimum duo canales ſorbentes ſint admittendi.* (§. 120.)

dans differens endroits; mais comme dans le §. 122. n. 1. & 2. nous avons fait voir l'abſurdité de la premiere propoſition, il faut convenir que les eaux ſont englouties par pluſieurs mediocres ouvertures, dans pluſieurs canaux ſoûterrains d'une capacité proportionnée; & qu'ainſi le gouffre de Norwege n'eſt veritablement que pluſieurs gouffres voiſins les uns des autres. Il faut auſſi ajoûter que dans ces gouffres maritimes, il y a au moins deux canaux engloutiſſans. (§. 120.)

§. CXXV.

COROLL. 5. *Imò ex dictis in* §. 31. 122. 123. *veriſimile fit, tam hos diverſos canales, quàm illos in* §. 122. *deſcriptos, dum magis magiſque à mari receditur, diſpergi in plures ramos & ramuſculos, atque ſic aquam ad longè plura loca ſubterranea, ubi ejus aliquis eſt uſus, deduci. Cæte-*

Ce qui a été dit dans les §. 31. 122. 123. rend vraiſemblable, que, ſoit ces differens canaux, ſoit ceux qui ſont décrits dans le §. 122. à meſure qu'ils s'éloignent de la mer, ſe diviſent en une infinité de petites ramifications, & que par ce moyen, ils diſtribuent l'eau à une infinité d'endroits, où elle peut être de quelque usage. Dailleurs, on doit penser que les canaux de ces gouffres sont en grande partie, aussi-bien que leurs ouvertures, fabriquéesdans des rochers très-durs ; & que dans leurs petites ramifications, il n'est pas nécessaire qu'ils soient si solides, parce que la rapidité du mouvement des eaux, diminuë à proportion qu'elle se distribuë dans un plus grand nombre de tuyaux plus petits : alors l'eau coule lentement dans les couches de sable & de gravier, & donne ainsi plus de prise par son expansion à l'action de la chaleur soûterraine.

rùm de his impetuosis aquarum ductibus subterraneis ita sentiendum videtur, lumina quidem voraginis, notabilemque canalium partem, ex vivo durissimoque saxo fabricata esse ; at ubi aqua in multos ramos & ramusculos dispergi cœpta est, tum rapiditate motûs, ob magnam dispersionem, cessante, ejusmodi firmis canalibus, non ampliùs opus esse, sed aquam lento satis motu perreptare per strata arenosa atque glareosa, actioni caloris subterranei tum maximè obnoxiam futuram.

§. CXXVI.

COROLL. 6.

Et il ne faut point douter que ce ne soit le veritable méchanisme (§. 111) de tous les gouffres, soit visibles, soit cachez, soit

Nec dubitandum est quin cæterorum euriporum, sive aperti sint, sive cæci, sive impetuosi, sive minùs impetuosi, similis sit conditio

(§. 111.). *Adeòque & cæteris euripis sorbentibus aqua absorpta in multos à se invicem discriminatos canales præcipitatur, quorum rami & ramusculi ad alia aliaque loca subterranea porriguntur; euripis autem vomentibus, aqua eructanda decurrit ex ramusculis & ramis canalium subterraneorum in canales ipsos, per quorum emissaria haud multùm à se invicem distantia tandem aqua in mare irrumpit.*

impetueux, ou non; que l'eau qu'ils absorbent ne soit distribuée par une infinité de canaux très-distincts, dont les ramifications s'étendent à une infinité de soûterrains: que les eaux qui sont élancées par les gouffres, ne viennent de ces ramifications des canaux soûterrains, dont les ouvertures se trouvent assez près les unes des autres, & se dégorgent dans la mer.

§. CXXVII.

SCHOLIUM. *An verò Euripus Norwegiæ per eosdem meatus aquam sorbeat, per quos eructat, nondùm satis constat. Nec enim rem satis tutò affirmare licet ex eo, quod naves, balænæ, arboresque absorptæ post aliquot horas eructentur, sed miserè lancinata. Etsi enim singuli meatus sorbentes satis magni statuantur, possunt*

Il n'est pas encore certain si le gouffre de Norwege engloutit les eaux par les mêmes canaux qu'il les rejette; & on ne sçauroit l'affirmer avec assez de sûreté, quoique l'on voye sortir par les mêmes ouvertures, les miserables restes des vaisseaux, des baleines & des arbres, que ce gouffre avoit engloutis. Car quoiqu'on suppose chacune de ses ouvertures absorbantes, assez grandes, elles peuvent être d'une configuration irreguliere & bizarre, à laquelle irrégularité la nature semble se plaire ; configuration aprochante des fentes des rochers qui sont tortueuses, & differentes en cela de celles que l'art fabrique avec régularité, & en ligne directe. Dans le cas, des masses, telles qu'un vaisseau entier, peuvent être précipitées dans le gouffre, mais parvenuës qu'elles soient aux canaux absorbans, elles ne sçauroient aller plus loin; mais elles y seront brisées contre les rochers, pendant tout le tems que durera l'engouffrement : & lorsque le tems du vomissement des eaux succedera,

tamen esse figuræ, quam natura amat, compositæ, hoc est, irregularis, & fissuris rupium valdè anfractuosis magis similes, quàm foraminibus regularibus atque directis, qualia ars humana præ cæteris eligere solet. Tali autem conditione meatuum supposità, objecta magna possunt quidem deorsùm rapi usque ad meatus sorbentes, ibique ad scopulos cautesque allisa malè haberi, quamdiù sorbitio durat, sed non absorberi; quin potiùs, vomitione succedente, iterùm attollentur, & versùs peripheriam vorticis propellentur, quanquam miserè lancinata. Mihi certè verisimillimum videtur, euripum Norwegiæ per alios meatus sorbere, per alios vomere, & aquam eructatam tam numero, quàm specie differre ab aqua antè aliquot horas absorpta; euripumque multò minorem aquæ molem eructare quam quidem absorpsit. Id quod ex §. 132. *satis, credo, apparebit. Ceterùm illi aquæ salsæ ductus subterranei in* §. 120. *usque ad* §. 126. *asserti, minorem nobis movebunt admirationem, ubi recordamur, nec propè superficiem continentis deesse exempla aquæductuum subterraneorum naturalium haud minùs admiranda. Huc referenda sunt flumina, quæ alicubi magno impetu sub terram præcipitata, longo satis itinere subterraneo emenso, tandèm iterùm emergunt, quasi ex carceribus dimissa. Hoc nomine inter plures præcipuè celebrantur ingentes Affricæ fluvii* Niger *&* Nubia, *in Asia* Tigris, *in Europa* Rhenus ulterior *in Rhætia, fluvius* Anas *in Hispania. Hic ipse in Castilia nova* (Los Oios di Guadiana *loco nomen est*) *terram subingreditur, &*

alors ces masses seront repoussées au dehors autour de la circonférence du gouffre. Il me paroit vraisemblable, que le gouffre de Norwege absorbe par des canaux, & qu'il vomit par d'autres; que l'eau rejettée par le gouffre, est totalement differente de celle que le gouffre avoit absorbée quelques heures auparavant; que le gouffre rend moins d'eau qu'il n'en a pris; ce que je croi prouver assez par le §. 132. D'ailleurs, nous ne sommes pas moins surpris de l'existence de ces conduits soûterrains d'eau salée, dont nous avons parlé dépuis le §. 120. jusqu'au §. 126. si nous nous rapellons, que sur la face du continent, il y a des exemples de ces aqueducs soûterrains naturels, qui ne sont pas moins merveilleux que les autres. N'y a-t'il pas des fleuves, qui après s'être engloutis, & avoir parcouru ſous terre un aſſez long eſpace, reparoiſſent enfin au-deſſus de la terre. Tels ſont entre-autres, les grands fleuves de l'Affrique, le *Niger* & le *Nubia*, dans l'Aſie le *Tigre*, dans l'Europe le *Rhin*, la *Naſſe* en Eſpagne. Celui-ci dans la nouvelle Caſtille, où il s'apelle *Los Oios di Gudiana*, s'engouffre dans la terre, & en ſort à ſept milles de-là : ce qui a donné lieu aux Eſpagnols, qui pour l'ordinaire parlent trop avantageuſement de leur patrie, de dire qu'il y a chez eux un pont, ſur lequel on peut faire paître plus de vingt mille moutons.

loco 7. milliar. indè remoto ex ſubterraneis iterùm emergit. Undè Hiſpani glorioſiùs de ſolo patrio prædicaturi diligentèr commemorare ſolent, eſſe ſibi pontem 7. milliarium longitudine in quem plus 20. millia ovium pabulatum mitti poſſunt.

§. CXXVIII.

Coroll. 7.

Puiſque le gouffre de Silla en Sicile & les autres de même eſpece, abſorbent continuellement des eaux, qu'ils tranſmettent par une infinité de tuyaux ſoûterrains (§. 124. 125. 126.); & qu'il

Cùm Scylla in freto Siculo, aliæque voragines huic ſimiles, ingentem aquarum molem perpetuò ſorbeant (§. 118.) per plurium canalium ramos & ramuſculos ad longè plura loca ſubterranea terræ adjacentis deducendum

(§. 124. 125. 126.) ; *nulla autem loca præsertim subterranea, perpetuam aquæ accessionem omnis decessionis expertem patiantur ; & præterea aqua absorpta eandem, quâ advenerat, viam repetere nequeat : necesse est, ut omnis aqua, quæ præcessit, utpotè secuturæ locum factura, per alias vias modosque, qualiacunque ea demùm sint, ex locis subterraneis continuò auferatur, tandemque mari iterùm restituatur.*

n'est pas possible qu'il entre continuellement dans ces soûterrains des eaux, sans qu'il en sorte ; & que d'ailleurs ces eaux qui entrent dans ces soûterrains, ne sçauroient sortir par la route qu'elles sont entrées, il faut nécessairement que celles qui sont déja entrées, devant faire place à celles qui les suivent, enfilent d'autres voyes quelles qu'elles puissent être, & qu'elles ressortent de ces soûterrains pour revenir à la mer.

§. CXXIX.

COROLL. 8. *Aut igitur 1°. Omnis aqua absorpta, quantacunque fuit, per novam ramusculorum & ramorum compositionem qui in aliquot canales hiant, in his collecta directè in mare aliquod exoneratur ; aut 2°. Nihil ejus directè in mare devolvitur, sed omnis alio modo ex canalibus aufertur ;*

1°. Il faut necessairement que les eaux absorbées passent des canaux, par où elles sont entrées, dans des ramifications d'une nouvelle structure, pour aller se décharger dans quelque mer ; ou 2°. Il ne se décharge dans la mer ancune goutte de ces eaux ;

mais elles ſont toutes enlevées des canaux d'une autre maniere ; ou 3°. Une partie de ces eaux abſorbées paſſent dans la mer de la maniere que nous avons dit, & une autre partie eſt enlevée des canaux d'une autre façon. Il eſt impoſſible d'imaginer un quatriéme moyen pour executer ce mechaniſme

aut 3°. Pars aquæ abſorptæ iſto modo directè in mare tendit, & reliqua ſaltem pars alio modo ex canalibus tollitur. Nec enim quartam hìc comminiſci licet.

§. CXXX.

COROLL.

Dans le premier cas, 1°. Ce long paſſage dans les ſoûterrains eſt inutile, parce que ces eaux ne ſe répandant point ailleurs, elles ne font que changer de place. 2°. La profondeur des ſoûterrains étant très-grande, les eaux qui y ſont tombées, ne ſçauroient, ſelon les loix de l'Hydauſtratique, remonter d'un lieu ſi bas dans la mer, ſur tout, parce que n'ayant point acquis plus de ſalure, elles n'ont par conſequent pas plus de

Si horum primum ponatur. 1°. Aqua planè fruſtrà tantum iter ſubterraneum emenſa eſſet, ſiquidem aquæ nullus uſus eſſe poteſt, niſi ejuſdem pars aliorsùm impendatur. 2°. Aqua tantæ longitudinis viâ ſubterraneâ declivi (§. 2.) emenſa, deferretur ad oſtium adeò depreſſo loco ſitum ; undè, per leges hydroſtaticas, vix ac ne vix in mare erumpere poſſet, præſertim, cùm nullum ſalſedinis, & hinc gravitatis ſpecificæ incrementum intereà acquiſivit, partim quia nihil aquæ puræ, stante hypotesi, amittere potuit; partim quia ex locis subterraneis ipsis sale saturari nequit. Undè enim tanta eaque perpetua salis subterranei decessio foret explenda, &, si non suppletur, quomodò ista saturatio perennare posset, aut si nihilominùs, saltem per aliquot sæcula perennare potest, quòusque successu temporis excrescere deberent cavitates exesæ? Quare cùm & rationis & experientiæ fide constet, talem esse telluris fabricam, quæ ad ejus conservationem tendit, & prætereà Deus atque Natura nihil frustà faciat; manifestum est, hypotesim ex §. 129. primam, utpotè absurdam, admitti non posse.

gravité specifique, n'ayant par la suposition pû perdre aucune goûte d'eau pure, ni trouver dans les soûterrains de quoi devenir plus salée. Car alors, d'où pourroit se réparer cette grande quantité de sel qui sortiroit des soûterrains, pour augmenter la salure de ces eaux? & si cette quantité de sels des soûterrains n'étoit réparée par ailleurs, comment depuis tant de siécles, auroit-il pû sortir une si immense quantité de sels, de ces endroits soûterrains, pour augmenter la salure? & de quelque étenduë ne seroient pas devenuës les cavitez soûterraines qui fournissent cet sels? Mais comme la raison & l'experience aprennent que la fabrique de la terre tend à sa conservation; & que d'ailleurs Dieu & la Nature ne font rien en vain, il faut en conclure que la premiere hypotése du §. precedent, doit être rejettée comme absurde.

§. CXXXI.

COROL. 10.

Quant au second article du §. 129. si de toute l'eau qui s'engouffre, il n'en revenoit directement aucune partie à la mer, mais qu'elle fût dispersée & évaporée dans les entrailles de la terre, il s'ensuivroit que toute la masse de l'eau engouffrée, réduite en vapeurs, & répanduë dans les pores & les cavitez de la terre, par la chaleur soûterraine, & ensuite rassemblée en goûtes dans les cavernes de la terre, & puis en ruisseaux dans les couches aqueuses, pour fournir à la durée des Fontaines (§. 113. 114.) reviendroit de cette façon à la mer. Mais puisque l'eau ainsi évaporée par la chaleur, seroit douce; qu'elle déposeroit son sel, qui ne pourroit

Si illorum (§. 129.) secundum ponatur, omnis omninò aqua, quæ præcessit ope caloris subterranei per tellurem disseminati (§. 112.) in vapores resolvi debebit per loca fistulosa aut cavernosa, & in majores sub montibus cavernas altiori loco sitas, tandem hiantia, necessariò ad harum fornicem usque ascensuros, ibique in guttulas primò, in rivulos deindè collectos, & in strata extrorsùm declivia delatos, Fontibus perennibus pabulum præbituros (§. 113. 114.), per quos omnis aqua hoc modo exhausta, tandem mari restituetur (§. 1.). Jam verò aqua exhaurienda salsa est (§. 85.), & per exhalationem aqua dulcis sola attollitur, sale in fundo relicto (§. 83. 86.). Ergo non omnis aqua evacuanda evacua-

bitur, & ſal relictum ac in dies accumulandum, ſecuturæ aquæ in dies minùs minùſque loci relinquet; tandemque eam viis obſtructis excludet, conſequentèr & Fontes pabuli inopiâ brevi deficient, & vorago ipſa ſorbere deſinet, imò & gradus ſalſedinis in diverſis maribus diverſus perſtare non poterit. Quæ omnia cùm Fontium perennium & voraginum perpetuò aut certè per intervalla ſorbentium, itemque Oceani naturæ per obſervationes cognitæ repugnent (§. 70. 118. 6.), multiſque aliis modis ſtatui telluris naturali conſervando adverſentur: patet, & ſecundam ex §. 129. hypotheſim omninò rejiculam eſſe.

être exhalté, ce ſel augmentant chaque jour par l'évaporation continuelle de l'eau, il fermeroit peu à peu, & enfin tout à fait, les plus larges canaux du gouffre, qui ne recevra plus les eaux de la mer; & par conſequent, les Fontaines tariront, & la mer ſera par tout également ſalée; ce qui eſt également contraire à ce que nous ſçavons des Fontaines, aux obſervations ſur la ſalure de la mer, & à la compoſition du globle terreſtre.

§. CXXXII.

COROL. II. *Conſequentèr hypotheſis ex §. 129. tertia, quæ ſola reſtat omninò admittenda erit, eaque erit hypotheſis naturæ, & ab omni incommodo, quibus reliquæ premuntur, libe-*

Par conſequent, ſi la premiere & la ſeconde propoſition du §. 129. doivent être rejettées, la troiſiéme eſt donc certaine, & le méchaniſme de la nature même, exempt de toutes les difficultez qui font rejetter les deux premieres. Concluons donc, que l'eau de la mer engoufrée, d'abord dans de larges canaux soûterrains, & puis distribuée dans les ramifications les plus petites, est dispersée dans tous les lieux soûterrains, d'où elle entre ensuite dans les ramifications, qui se rassemblent au plus gros canal d'un autre gouffre, qui la rejette dans une autre mer, à peu près comme notre sang se distribuë dans toutes les parties, en passant des grosses artéres dans les ramifications, & rentre dans les grosses veines, en passant aussi par leurs ramifications. Mais pendant que l'eau, distribuée ainsi dans les ramifications, se trouve, par la division de sa masse, plus

ra. Nimirùm aqua marina à voragine maris absorpta, per diversos canales divergentes eorumque ramos & ramusculos, longè latèque per loca subterranea terræ continentis aut insulæ distribuitur, illisque ramusculis in alios ramusculos quasi insertis, reliqua aqua in alios ad se invicem convergentes ramos atque canales iterùm colligitur, & versùs alium maris locum tendit, dum intereà permagna aquæ dulcis pars à calore per loca subterranea disseminato (cujus adeò actionem ramusculi aquarum maximè experiantur necesse est) in vapores agitur, qui, per loca fistulosa & cavernosa, altiores altioresque cavernas sub ipsis tandem tractibus montosis sitas petunt, earum fornicibus adhærent, in guttulas confluunt, & ad latus cavernæ in stratum glareosum extrorsum declive distillant, ex hoc in figuræ compositæ receptaculum ſatis amplum, ſed parùm profundum, colliguntur; & denique per hujus emiſſaria paulò infrà libellam collocata erumpentes, Fontes perennes efficiunt (§. 113. 114.): per alia autem emiſſaria in ipſa receptaculi libella aptata (ne ſcilicet receptaculi libella ſenſibilitèr aſcendere aut deſcendere poſſit) ſtrata aquoſa aquis putealibus, imò & Fontibus depreſſioribus alio in loco inveniendis apta conſtituunt: dum intereà reliqua ſubterranea aqua, magnâ aquæ dulcis parte amiſſâ, eo ipſo acquirit ſalſedinem, conſequentèr & gravitatem ſpecificam marinâ majorem (§. 83. 86.) &, ex ramuſculis in ramos atque canales collecta, vel in idem mare, undè advenerat, vel in depreſſius, vel etiam in mari altiori loco ſitum exoneratur, æquè uti in

en priſe à l'action de la chaleur ſoûterraine, elle eſt répanduë, par évaporation, dans les pores & les cavitez de la terre; de là, dans les cavernes des montagnes, & autres lieux élevez; & de là, coulant ſur des couches de terre glaiſe, à côté de ces montagnes, elles vont ſourdre dans des lieux plus bas que ces couches, & former des Fontaines; ou ſi ces couches aqueuſes ſont à une plus grande profondeur de la ſurface de la terre, elles forment des napes d'eau, qui ſont la ſource des Puits. Mais par cette évaporation, cauſée par la chaleur ſoûterraine, le réſidu de l'eau ſoûterraine, devenu plus ſalé, & par conſequent plus peſant qu'un égal volume d'eau marine ordinaire, entrant dans les ramifications, de là, dans les branches, & puis dans le tronc, ou le grand canal d'un autre gouffre vomissant, elle va surgir de nouveau, ou dans la mer, d'où elle est venuë par le gouffre absorbant, ou dans quelque autre plus basse, ou même plus élevée; de même que l'on voit dans deux tuyaux communiquans, qui contiennent des liqueurs de differente pesanteur, que la colomne de la plus pesante, qui fait équilibre avec la plus legere, est plus courte que l'autre, & qu'elle entre, par le bas, au-dessous de l'autre, jusqu'à ce que les colomnes soient en longueur entre-elles, en même raison que les pesanteurs. Donc, pourvû que les eaux des Fontaines rentrent dans la mer; que ce méchanisme des gouffres, les uns en-

tubis communicantibus, diversæ gravitatis specificæ liquoribus repletis, liquoris gravioris columna minùs alta præponderat columnæ altiori levioris, & liquor gravior, leviori loco pulso, irrumpit in levioris columnam, modò gravioris altitudo ad levioris altitudinem, paulò majorem rationem habeat, quàm habet gravitas specifica levioris, ad gravitatem specificam gravioris. Quare cum fontana aqua tandem in mare redeat (§. 1.), & vorago sorbens, ob euripum vomentem ipsi respondentem, sorbitionem continuet, & prætereà calor per subterranea telluris disseminatus continuò vapores, pro aquæ dulcis Fontibus alendis, ex aqua voraginis attollat: patet, quâ circulatione aquarum superficialium & subterranearum natura utatur ad Fontes perennes constituendos, strataque aquosa, aquam putealem præbentia, continuò alenda.

gloutiſſans, les autres vomiſſans, continuë; & qu'au ſurplus, la chaleur repanduë dans la terre, diſperſe en vapeurs une partie de l'eau, pour entretenir les couches aqueuſes, d'où ſortent les Fontaines, & qui fourniſſent aux Puits; cette circulation des eaux, de la ſurface de la terre dans ſes entrailles, & de ſes entrailles à ſa ſurface, eſt le vrai méchaniſme, dont la nature ſe ſert pour rendre les Puits, les Fontaines & les fleuves intariſſables.

§. CXXXIII.

SCHOLIUM.

E. g. *Ponatur ratio gravitatum ſpecificarum, aquæ ſubterraneæ erumpendæ, & aquæ marinæ eruptioni reſiſtituræ, ſaltem mediocris, ut* 7 : 6 (*licet enim ratio terminalis, ſeu maxima* 12 : 6 *ſeu* 2 : 1 (§. 11.) *attingi nequeat, poteſt tamen locum habere intermedia aliqua ratio* 8 : 6 *vel* 9 : 6, *præcipuè ſi aqua erumpenda à calore ſubterraneo ferveat, adeòque majus ſalis ſoluti pondus vehere potis ſit*). *Jam in loco oſtii hujus fluminis ſubterra-*

Soit ſuppoſé que les peſanteurs ſpecifiques de l'eau ordinaire de la mer, & de l'eau qui y revient, apeſantie par le ſel, réſidu de la partie évaporée, ſoient entr'elles comme 7 à 6 (quoique dans la verité, elle puiſſe être en plus grande raiſon, ſur tout, ſi l'eau échauffée dans les entrailles de la terre, eſt capable de diſſoudre plus de ſel) je dis que dans ce cas, ſi l'on ſupoſe un tuyau horizontal ſur l'embouchure de ce fleuve soûterterain devenu plus salé, & que la mer aye sept mille pieds de hauteur, & l'eau du fleuve six mille, il est évident, par les principes de l'Hydraustatique, que ces colomnes seront en équilibre entre-elles ; & qu'ainsi les eaux de la mer n'entreront point dans le gouffre, ni celles du gouffre ne sortiront point dans la mer ; parce qu'il est démontré que, quand les hauteurs des liqueurs differentes, sont entre-elles comme leurs pesanteurs, les efforts sont egaux. Par la même raison, si l'on supose que l'eau du fleuve soûterrain a six mille cent pieds de hauteur, par les mêmes loix de l'Hydraustatique, la colomne du fleuve soûterrain pesera plus que celle de la mer, quoique plus haute de neuf

nei salsioris, concipiatur tubus horizontalis, & super eo consistat mare ad altitudinem 7000. *pedum, aqua erumpenda autem ad altitudinem* 6000. *pedum; manifestum est ex hydrostaticis, has columnas sibi invicem æquiponderare debere, adeòque nec mare in loca subterranea, nec aquam subterraneam in mare irrumpere posse. Quòd si autem aqua subterranea ad altitudinem paulò majorem* e. g. 6100. *pedum, consistere supponatur; per easdem leges patet, eam columnam subterraneam alteri proponderaturam, &, aquâ marinâ loco pulsâ, in mare erupturam, etsi in nostro casu superficies maris* 900 *pedibus altior sit, quàm superficies aquæ subterraneæ, undè ea versùs ostium delabitur. Ex hac theoria phænomena euriporum facilè explicari possunt.* e. g. *Apud me nulla ferè dubitatio superest, quin aquæ à Scylla in freto Siculo absorptæ pars longè maxima impendatur in Fontes minimum utriusque Siciliæ commemorato modò alendos, pars reliqua autem majorem eo ipso salsedinem atque gravitatem specificam nacta, per Charybdin, aut per euripos cæcos, in syrtibus molibusque glareosis & lapidosis quærendos, in mare exoneretur, ut sorbitio perennare possit, nec unquam harum regionum Fontibus pabulum deficiat.*

cens pieds, parce que les hauteurs ne seront plus en même raison que les pesanteurs specifiques. On peut ainsi expliquer facilement tout ce qui regarde ces gouffres absorbans & vomissans; & je ne doute point que des eaux englouties dans Sylla, une partie ne serve ainsi pour l'entretien des Fontaines & des Puits de la Sicile; & que le reste devenu plus pesant par l'augmentation de la salure, ne revienne à la mer par Charibde, ou par quelqu'autre ouverture cachée dans le fonds de la mer, telles que peuvent être de vastes couches de cailloux, qu'on trouve frequemment dans les terres.

§. CXXXIV.

COROL. 12. *Unde cùm aqua subterranea in mare irrumpens (§. 132.) euripum vomentem constituat, & quidem facilè observabilem, si locus satis*

Ainsi le retour des eaux soûterraines englouties, forment toûjours des gouffres vomissans & très-visibles, si on en peut aprocher d'assez près pour les distinguer, & si la masse de l'eau qui en sort, est assez considerable pour être aperçûë, pourvû que l'ouverture par où l'eau rentre dans la mer, soit verticale; sans quoi il est très-difficile de les y remarquer. On peut vraisemblablement suposer de ces gouffres vomissans les eaux dans les mers, où il n'en paroit point, puisque l'experience nous en fait connoître nombre de ceux qui les engloutissent.

propè accedi potest, impetus aquæ satis notabilis, & directio estiorum verticalis est, in casu autem diverso, difficultèr observabilem; patet, in maribus admittendos esse euripos vomentes, etsi nullus eorum hactenùs observatus esset, modò de euripis sorbentibus per experientiam constet. (§. 128..... 132.)

§. CXXXV.

Corol. 13.

Si la pesanteur specifique des eaux soûterraines surpasse de peu celle des eaux de la mer qui s'opose à sa sortie; dans ce cas, l'eau soûterraine ne rentrera point dans la mer, à moins que par l'assemblage de nouvelles eaux, la colomne soûterraine n'augmente en hauteur, &

Si aquæ subterraneæ gravitas specifica parùm superat gravitatem specificam aquæ marinæ, eruptioni restituræ, & præterea mare ex altiorum genere est, aqua subterranea in mare effundi non poterit, nisi priùs collectæ libella ad sufficientem altitudinem ascenderit, ut per diabeten naturalem in mare ef-

fluere possit, euripum vomentem periodicum factura, si ostium ejus nimis amplum est, quàm ut libella aquæ in diabete ad eandem altitudinem conservari possit; perpetuò vomentem autem, si ostium pro eo fine obtinendo satis angustum fuerit.

qu'ainsi l'équilibre étant rompu, la pente naturelle ne la conduise à la mer. Dans quel cas, si l'embouchure du fleuve soûterrain est fort large, le courant sera intermittent; au contraire, si l'embouchure est trop étroite pour vuider toutes les eaux, il sera toûjours jaillissant.

§. CXXXVI.

COROL. 14. *Quòd si aliquando contingere supponamus, ut vel meatus euripi sorbentis, vel euripi vomentis respondentis, vehementiori aliquo terræ motu maximam partem obstruantur, vel calor subterraneus quocunque modo aut languescat, aut magnam partem aliorsùm impendatur; patet ex iis, quæ in §. 131. & 132. deducta sunt, quidquid horum trium accidat, libellam aquæ in reservatoriis Fontium, ob pabuli angus-*

S'il arrive quelquefois que les ramifications des canaux des gouffres absorbans, qui versent les eaux dans celles des canaux des gouffres vomissans, viennent à être bouchez par quelque écroulement de terre, ou par quelqu'autre moyen; ou que la chaleur soûterraine soit éteinte ou ralentie, alors l'équilibre restant égal de toute part, le gouffre n'engloutira plus, ou presque point.

Les cavitez soûterraines ne recevant plus de vapeurs, ou presque plus, les couches aqueuses ne recevant plus de goûtes, les Fontaines & les Puits qui sont dans les lieux les plus élevez, tariront d'abord; ensuite celles qui sont dans les plus bas, cesseront de couler, ou seront moins abondantes.

tias, non ampliùs perstituram in statu manente, sed sensim descensuram, primò infrà emissaria in stratum glareosum biantia, deindè etiam infrà emissaria ad nonnullos Fontes perennes pertinentia, consequentèr puteales aquas, Fontesque ex stratis aquosis altissimis pendentes, imò & multos Fontes perennes principales brevi defecturos esse, cæteros parciùs aquam præbituros.

§. CXXXVII.

Il y a en Espagne une tradition, trop moderne, ce me semble, pour rendre croyable un fait aussi ancien que celui qu'elle raconte, qui nous aprend qu'en l'an 2906. sous le regne du Roy Habydo, il y eut dans ce pays-là une secheresse qui dura 26. ans, & que tous les Puits generalement, & presque

SCHOLIUM.

Vulgata satis traditio est, nescio, an pro re antiquissima, satis antiqua, Rege Habydo in Hispania regnante, magnam in iis locis, ab anno mundi 2906. per 26. annos continuos, siccitatem fuisse, omnesque puteales aquas, imò & Fontes perennes, paucis exceptis, exaruisse. Si nulla, in narratione ista (similibusque de torrentibus auri argentique liquati ex Pyrenæis montibus paulò post ea tempora effusis, deque ramis navium vectoriarum ex auro solido factis) falsitatis suspicio subesset; crederem, eam calamitatem ex causarum naturalium in §. 136. *recensitarum aliqua accidisse. Sed eò loci res non esse videtur. Si enim nobiscum reputamus, quanta strages, quanta vastitas ex calore subterraneo sublato, aut ex meatibus euriporum sorbentium aut vomentium obstructis, in tellure consequatur, satis causæ apparet, cur affirmare possimus, salvâ telluris fabricâ, calorem subterraneum in suo officio cessare non posse, & euripos sorbentes aquè ac vomentes, unà cum aquarum subterranearum canalibus, ramisque eorum, providente sapientiâ atque bonitate divinâ, aptissimis in locis collocata esse, ubi natura soli & materia longè*

toutes les Fontaines tarirent. S'il faloit ajoûter foi à une histoire, qui nous dit sur le même ton, que peu de tems après, on vit couler des torrens d'or & d'argent, du haut des Pyrenées, qu'on construisit des Navires dont les rames étoient d'or massif; je penserois que ces Puits & ces Fontaines n'auroient tari que par quelqu'un des accidens dont j'ai parlé dans le precedent §. mais si on fait reflexion à quelle calamité & à quelle dépopulation seroient sujets des pays sous lesquels arriveroit cette extinction de la chaleur naturelle, ou sous lesquels se feroit cet embarras dans les canaux soûterrains, on conclura, sans difficulté, que vû la composition de la terre, il y a aparence que jamais pareil malheur n'est arrivé, & que la Sageſſe & la Bonté divine ont pourvû aux moyens néceſſaires pour l'empêcher. Car cette eau engouffrée, paſſe vrai-ſemblablement par des lieux beaucoup inferieurs aux cavernes ſulphureuſes & bitumineuſes, dont l'embraſement cauſe les tremblemens dans la partie de la terre qui leur eſt ſuperieure, & point au-deſſous. Car il eſt aiſé de comprendre, que l'eau qui s'engloutit dans les gouffres de la Mediterranée, comme ailleurs, coule par des canaux en pente, & par conſequent paſſe par des lieux plus bas que la region caverneuſe des volcans. Ainſi, ſi nous imaginons que dans quelque mer fermée, telle que la mer Caſpienne, tous les gouffres, tant viſibles que cachez ſous les eaux, ſoient

latèque circumjecta terræ motui apta non eſt, in locis nempè à ſuperficie telluris adeò remotis, quòuſque nullæ cavernæ atque materiæ ad terræ motum efficiendum accommodatæ, pertingunt (uti vel ex eo intelligitur, quod à ſuperficie maris, ubi euripus ſorbens eſt, versùs loca mediterranea tendentibus vix compenſatis compenſandis, tota acclivis eſt, aqua autem per euripum ſub loca mediterranea tendat per viam, compenſatis compenſandis, perpetuò declivem). Fingamus nimirùm in mari aliquo clauſo, e. g. in mari Caſpio, omnes euripos ſorbentes (ſive aperti fuerint, ſive cœci) vehementiori terræ motu, aut alio quocunque modo penitùs eſſe obſtructos: manifeſtum eſt, fluminibus circumjectis inſanam aquarum molem in mare continuò deponentibus, & ejus emiſſariis ſubterra-

neis sublatis, libellam maris Caspii magis magisque ascensuram; consequentèr mare, spretis littoribus, ad instar diluvii particularis, magnam continentis circumjectæ, videlicet Russiæ, Tartariæ, Indiæ, Persiæ atque Natoliæ partem inundaturum esse: contrà autem, aliis longè dissitis à mari locis, Fontes perennes, strataque aquosa, inopiâ pabuli per emissaria maris subterranea aliàs præbendi, tandem defecturos.

fermez par quelque tremblement de terre, ou par quelque autre accident, tous les fleuves qui s'y déchargent, y portant toûjours des eaux, tandis que les défuites soûterraines seront bouchées, il faudra bien que le lit de cette mer soit comblé, les rivages voisins inondez, & peut-être les Provinces voisines de la Perse, de la Russie & des Tartares, submergées, tandis que les Fontaines & les couches aqueuses, qui les entretiennent, tariront, si la chaleur centrale ne trouve plus d'eau à évaporer, à cause de l'obstruction des canaux soûterrains.

§. CXXXVIII.

COROL. 15. *Cùm dentur euripi sorbentes (§. 118.), iisdem necessariò respondeant euripi vomentes (§. 132. 134.); aqua autem subterranea ex his eructata salsior sit aquâ marinâ ostiis euripi longè latè-*

Puisqu'il y a dans la mer des gouffres engloutissans par le §. 118. & qu'il faut aussi qu'il y en ait d'autres qui rejettent les eaux englouties (§. 132. 134.), & que l'eau qui en sort, est plus salée que celle de la mer, qui est auprès de leur embouchure (§. 132.), il arrive nécessairement, que cette eau plus salée, se mêlant avec sa voisine, lui communique de sa salure; & voilà sans doute pourquoi l'eau de la mer n'est pas également salée par tout; que celle qui est plus proche de l'embouchure du fleuve soûterrain, l'est plus que celle qui en est éloignée; & qu'elle l'est plus au fonds, que vers sa superficie.

que circumfusâ (§. 132.), & euripum continuò prætcrlabente (§. 37. 38. 39.); adeòque illa salsior continuò aliis aliisque aquæ marinæ partibus contigua facta, abundantis salsedinis partem in mare deponat: patet unum idemque mare, non ubique locorum, eundem salsedinis gradum habere posse, sed loca maris euripó vomenti propiora, graviora esse reliquis locis ab eodem remotioribus, & in eodem maris loco, aquam fundo propiorem magis salsam, superficiei proximam minùs salsam esse posse.

§. CXXXIX.

Ce que nous venons de dire, se confirme aussi par plusieurs observations très exactes. Le Pere Loüis Feuillée, Minime, celebre par ses voyages en Europe & en Amerique, entrepris par ordre du

SCHOLIUM.

Nec desinunt observationes isthæc egregiè confirmantes. Ludovicus Feuillé, *Religiosus* Minimus, *magnis per Europam & Americam itineribus maritimis, jussu Regis Christianissimi Ludovici XIV. susceptis, perce-*

lebris (i), *cùm in gravitatem specificam aquæ marinæ inquireret, multis admodùm experimentis factis deprehendit, imo uno eodemque mari eam sæpè diversis locis diversam esse; siquidem earum minimam observavit 2 unc. 3 drachm. 47. gran. maximam autem 2 unc. 3 drachm. 58. gran. & hanc quidem sub latitudine* B 35°. 54'. *& longitudine* 33°. 40'. *Ubi probè notari velim, hunc maris Mediterranei locum à Siciliæ promontorio* Passaro *paucis milliaribus abesse, adeòque istam excedentem aquæ gravitatem, salsedinem que alicui euripo vomenti cæco, ex Siciliæ subterraneis orto, acceptum ferendam esse* (§. 120. 138.) *Quòd autem in eodem maris loco aqua inferior nonnunquàm salsior reperiatur superiore ex aliis ob-*

Roy de France Loüis XIV. a fait beaucoup de recherches sur la gravité specifique de l'eau de la mer. Il a trouvé souvent qu'elle n'étoit pas la même dans les differens endroits de la même mer. Il a trouvé la moindre gravité specifique de 2. onc. 3. dragm. & 47. grains; & la plus grande de 2. onc. 3. drag. 58. grains. Cette derniere gravité a été trouvée telle sous le 35°. 54'. de latitude septentrionale, & sous le 33°. 40'. de longitude. Je ferai observer que cet endroit est fort peu éloigné de Passaro, promontoire de Sicile, & qu'ainsi cette gravité excedente de l'eau de la mer, est peut-être dûë à quelque euripe vomissant (§. 120. 138.). On fera voir aussi dans le §.

(*i*) In Diario Observationum Physicarum Mathematicarum, &c. quod recensetur in actis Erud. Lips. An. 1715. *p.* 189.

149. par plusieurs observations, que l'eau la plus basse de la mer, est plus salée que celle qui aproche de la surface.

servationibus (§. 149.) adducendis satis confirmabitur.

§. CXL.

Corol. 16.

L'eau vomie par une euripe, est plus salée que l'eau de la mer qui l'environne (§. 132.), & par consequent plus pesante (§. 81.); ainsi, quand bien même l'euripe seroit fort éloigné du fonds de la mer, l'eau qu'il vomit, ne laisseroit pas que de s'y rendre, prenant la place de l'eau plus legere, & ne se mêlant avec elle qu'avec peine. En effet, il faut un tems assez considerable, avant qu'une grande quantité de sel puisse être distribuée dans l'eau qui l'environne.

Quia aqua ex euripo vomente eructata, salsior est aquâ maris circumfusâ (§. 132.) adeòque eâdem specificè gravior existit (§. 87.) aqua eructata, etsi ostium euripi multùm à fundo maris remotum ponatur, mox infimum maris locum petet, quantùm datur, aquâ marinâ leviore loco pulsâ, nec cum hac facilè commiscebitur, cùm tempore notabili opus sit, antequàm sal abundans per aquam contiguam distribui possit.

§. CXLI.

Corol. 17.

L'eau vomie tombe, ou 1°. Dans un fonds, dont la declivité est presque in-

Porrò, aqua ex euripo eructata, aut 1°. Delabitur in fundum maris, declivita-

tem ordinariam, hoc est, ferè insensibilem (§. 18.) *habentem; aut* 2°. *Delabitur in peculiarem magnæ declivitatis alveum intra alveum maris à natura effectum. Si ponatur prius, aqua eructata nimis lentè ab ostio recedet, atque in vicinia ostii collecta ascendet supra libellam ostii, adeòque secuturæ aquæ fluxum retardabit, imò tandem planè fluxum ejus sistet. Quòd cum euripis & perpetuò, & per notabilia temporis intervalla, vomentibus, quales utique dantur* (§. 134. 135. 118.), *repugnet*; patet 1°. *Aquam ab euripo vomente eructatam delabi in unum pluresve peculiares magnæ declivitatis alveos intra alveum maris à natura effectos, quorum ope aqua effusa præcedens secuturæ satis citò locum cedit, & aquæ effusæ restagnatio evitatur; ostium euripi vomentis*

sensible; ou 2°. Dans un fonds où la déclivité est très-considerable. Si le premier, l'eau sortie du gouffre s'éloignera très-lentement de la gorge de l'euripe, elle s'arrêtera, s'accumulera, & s'élevera au-dessus du niveau de l'ouverture, retardera le cours de l'eau qui en sort, & s'élevant toûjours de plus en plus, l'arrêtera enfin; ce qui ne s'accordant point avec les phenomenes des euripes qui vomissent continuellement, ou pendant de grands intervales de tems, il s'ensuit 1°. Que l'eau vomie tombe dans un fonds, dont la pente est très-considerable; de façon qu'elle cede en peu de tems, sa place à celle qui la suit. 2°. Que là l'embouchure de l'euripe ne peut pas être située dans le fonds même de la mer;

mais qu'il eſt beaucoup plus élevé, quoiqu'il ſoit encore trés-éloigné de la ſurface.

in ipſo fundo maris eſſe non poſſe, quin potiùs idem notabili altitudine ſupra fundum maris circumjecti elevatum eſſe, etſi longè infrà ſuperficiem maris ſit collocatum.

§. CXLII.

La colomne d'eau vomie par l'euripe, eſt plus peſante que celle de l'eau de la mer qui lui eſt opoſée (§. 132.). Il faut donc qu'elle en ſorte avec une grande impetuoſité; & de plus, elle tombe dans un lit, dont la déclivité eſt très-grande & fort éloignée de la ſuperficie de la mer (§. 140.). Il ſuit donc qu'il ne peut y avoir d'euripes vomiſſans, qu'il n'y ait auſſi des torrens très-rapides d'une eau conſiderablement plus ſalée & plus peſante, qui coulent au-deſſous des couches ſuperieures de l'eau ordi-

Quoniam columna aquæ COROL. II.
ex euripo vomente erumpens, præponderat columnæ maris ad oſtium reſiſtentis (§. 132.) neceſſe eſt, ut illâ notabili celeritate per oſtium euripi effluat. Quare, cùm præterea eadem in peculiari magnæ declivitatis alveo & à ſuperficie maris ſatis remoto decurrat (§. 141.): patet, datis in mari euripis vomentibus, dari quoque in eodem mari rapidos & ſatis longè excurrentes torrentes aquarum ſubterlabentium, quarum gravitas ſpecifica, itemque ſalſedo notabilitèr major eſt gravitate ſpecificâ atque ſalſedine aquæ marinæ ſuperficia-

lis, donec tandem torrens in multos admodùm alvei sui ramos & ramusculos sparsus extinguatur, salsedine superabundatè simul in mare depositâ.

naire de la mer, jusqu'à ce qu'enfin leurs eaux répanduës dans le fonds de la mer, elles & leur salure sont mêlées & confonduës avec celles qui les environnent.

§. CXLIII.

COROL. 19. *Undè si in mari deprehendantur rapidi torrentes aquarum subterlabentium, quarum gravitas specifica adeòque & salsedo, notabilitèr major est gravitate specificâ atque salsedine aquæ marinæ superficialis, dubitandum non est, quin in eo circiter maris tractu dentur euripi vomentes, ex quorum ostiis, tanquam ex Fontibus sub superficie maris occultatis, hæc flumina subterlabentia oriuntur.*

Donc, si l'on remarque dans la mer des torrens rapides, tels que nous les avons décrits, & dont la salure & la pesanteur specifique, est plus considerable que celle de l'eau de la mer, il ne faut pas douter qu'il n'y ait près de-là des euripes vomissans, qui sont les sources de ces fleuves, ou courans inferieurs, cachez sous la surface de la mer.

§. CXLIV.

COROL. 20. *Quoniam ex duobus tubis æquè altis, liquore ejusdem gravitatis specificæ semper plenis, sed lumina inæqualia*

Si deux tuyaux d'une hauteur égale, sont pleins d'une liqueur, dont la gravité specifique soit la même, mais ont des ouvertures inégales, l'eau coulera de ces tuyaux avec des vîtesses égales, comme il est prouvé dans l'Hydraulique. Donc si dans la même mer & dans deux lieux assez voisins l'un de l'autre, & à la même profondeur, on observe que l'eau coule avec une vîtesse inégale, on ne peut pas expliquer ce phénomene, en disant que cela vient de ce que l'eau coule dans des lits inégalement larges; mais il faut avoir recours à ces fleuves inferieurs, dont l'eau a plus de pesanteur & le lit plus de pente.

habentibus, aqua (uti ex Hydraulicis notum est) non diversâ, sed eâdem planè celeritate effluit; patet, si in eodem tractu maris, in duobus locis non adeò multùm à se invicem remotis, ad eandem à superficie maris profunditatem, celeritas aquæ subterlabentis notabilitèr diversa deprehendatur, causam celeritatis diversæ malè assignari, si quis dixerit aquam quidem utrobique (quod experimentum postulat) æquè profundam, & (quod gratis addi solet) ejusdem gravitatis specificæ esse, sed tamen alteram alterâ celeriori motu ferri; propterea quòd altera per arctiorem, altera per patentiorem alveum fluere cogatur; nec adeò rem explicari posse, nisi in locorum altero flumen majoris gravitatis specificæ in peculiari alveo magis declivi decurrere supponatur.

§. CXLV.

C'est pourquoi, lorsqu'on a trouvé de pareils

Quare si quis, experimentis in mari captis, rapidum qui- Corol. 22.

dem torrentem aquarum subterlabentium deprehenderit, sed tamen in gravitatem specificam, an ea propè superficiem minor, in majori profunditate major sit, inquirere neglexerit, nihilominùs certus esse potest, gravitatem specificam salsedinemque torrentis utique majorem esse, & torrentem istum esse flumen salsius subterlabens, ex ostio alicujus euripi vomentis in isto tractu maris haud procul à littoribus quærendi (§. 119. 120.) ortum.

torrens, quoique l'on ait negligé d'observer si la gravité specifique de leurs eaux étoit plus grande que celle des eaux près de la surface, on ne peut cependant gueres douter que ces torrens ne doivent, comme nous avons dit, leur origine à des euripes vomissans.

§. CXLVI.

COROL. 22. *Quòd si ergo in aperto mari, in diversis locis, sed procul à littore remotis, experimenta Areometrica instituantur, fieri poterit, ut locorum observationis alter multò propior sit ramo alicui torrentis subterlabentis, etsi jam languidioris facti, & ex sale superabundante parùm reliqui habentis (§. 142.); alter autem ab ejusmodi torrentis*

Donc si on fait des experiences Areometriques dans des lieux éloignez du rivage de la mer, il pourra arriver qu'un lieu de l'observation soit plus voisin d'une branche de quelqu'un de ces torrens inferieurs, quoiqu'il ait déja perdu presque toute sa vîtesse, & soit depoüillé de la plus grande partie de sa ſalure ſurabondante (§. 142.), & que l'autre lieu de l'obſervation ſoit plus éloigné ; ce qui donnera une gravité ſpecifique de l'eau de la mer un peu plus grande dans un lieu que dans un autre.

ramo multò remotior ſit. Quo facto, reperietur in primo loco, aquæ marinæ gravitas ſpecifica tantillo major ; in poſteriore, tantillo minor, differentiâ intra pauca grana, vel etiam intra unius grani minutias conſiſtente.

§. CXLVII.

SCHOLIUM

Par là on rend raiſon des obſervations du Pere Feuillée, qui a trouvé ſouvent ſi peu de difference dans la gravité ſpecifique de l'eau de la mer, en differens lieux.

Hinc ratio reddi poteſt eorum, quæ Lud. Feuillée *de tantillo ſæpè diverſa diverſis in locis gravitate ſpecificâ aquæ marinæ obſervavit, & in Diarium* (. §. 139.) *laudatum congeſſit.*

§. CXLVIII.

SCHOL. 2.

Qu'on me permette, à l'occaſion des euripes abſorbans, d'examiner la queſtion ſi ſouvent agitée de l'origine de ces coquillages & des foſſilles figurées du regne animal & vegetal, que l'on trouve ſouvent en des lieux très-

Occaſione euriporum ſorbentium liceat commemorare, quid mihi videatur de vexatiſſimo problemate, quomodò foſſilia figurata ex regno animali & vegetabili [ut teſtacea marina, ut mituli marini in puteo Amſtelodamenſi (§. 88.) *reperti] quæ haud raro, etiam in locis maximè mediterraneis ad notabilem profunditatem fodiendo inveniuntur, eò deferri potuerint. Plurimi* Worwardum *secuti, fossilia figurata ad diluvium Noachicum referunt, sed argumentis parùm firmis. Quando enim hujus diluvii universitatem ex eo adstruunt, quòd tempore diluvii tota telluris compages dissoluta fuerit, atque exindè in tota tellure strata super strata ex sedimento turbidi fluidi orta sint, & propterea in his præsertim editioribus, reperiantur creaturæ supraterrestres indigenæ & peregrinæ, ac in primis marinæ exoticæ & incognitæ*, e. g. *media in Germania, corallia*, (k); *quis non videt, dissolutione omnium particularum terrestrium, mineralium, cæterarumque omnium suppositâ*,

profonds & fort éloignez de la mer. Plusieurs ont recours, avec Wod-ward, au déluge de Noé ; mais sans d'assez bonnes preuves : car quand on prétend prouver la verité du déluge universel, en disant qu'alors toute la masse de la terre fut dissoute par les eaux, & que réduite en limon, il s'en forma plusieurs couches les unes sur les autres; c'est pourquoi on trouve dans les entrailles de la terre, des corps étrangers, & naturels à differens pays, comme des coquilles inconnuës & étrangeres, par exemple, du corail dans le milieu de l'Allemagne ; mais il est facile de comprendre qu'en supposant une entiere dissolution de toutes les parties terrestres & minerales, il doit s'en-

(k) *Vid.* A. E. Lips. A. 1714. *p.* 327. *seqq.* A. 1721. *p.* 86. *seqq.* & A. 1717. *p.* 506.

suivre un effet tout contraire : car le lit de la mer aura dû être comblé par le sediment, les montagnes aplanies, & toute la surface de la terre égalisée ; & par consequent, que les coquillages n'ont pas pû être chariez par les eaux du déluge, sur les montagnes ; suposé même, que dans ce sistême, les coquillages n'eussent pas été dissous comme les autres corps, il s'ensuivroit aussi que les parties des corps dissous ont dû, par les loix de la Statique, former differentes couches, les unes au-dessous des autres, suivant leur degré de pesanteur specifique : ce qui est évidemment contraire à la conformation de la terre. En verité, quand on veut rendre probable une hypo-

per diluvium universale contrarium potiùs evenire debuisse, & alveo maris repleto, montibus æquatis, nulla loca aliis ad sensum editiora relinqui, nec in his testacea, &c. utpotè per dissolutionem istam haud dubiè destruenda, deponi potuisse, particulisque dissolutis tandem subsidentibus, strata telluris indè (ut illi quidem volunt) orta, pro ratione gravitatis specificæ, loca sua occupare debuisse. Quæ singula præsenti telluris conformationi repugnant, quam quæ maximè. Certè, hypothesi parùm probabili novas hypotheses nullam probabilitatis speciem habentes assuere, hoc reverà est nodum secare, non solvere : consentiente illustri Leibnitio (m) *qui diluvium Noachicum ad fossilia petrefacta ex regno animali & vegetabili explicanda, non sufficiente cum*

(*l*) In Otio Hanoverano. *Vid.* A. E. Lipf. A. 1718. p. 112.

ratione tranſerri cenſet. Nec deſunt, qui, rerum omnium ſemina in terra recondita eſſe ſtatuentes, conchylia aliaque marini generis animalia, in ipſis terræ viſceribus nata eſſe exiſtimant. Quorum miræ opinioni, ut alia taceam, hoc maximè adverſatur, quod nunquam horum quid vivum repertum ſit, aut quod haud pridem adhuc vixiſſe, aut recens natum dici queat: Id quod tamen hujus ſententiæ fautoribus omninò exſpectandum fuiſſe videtur, ubi cogitant, in ſolo, quod animalia ejuſmodi, per hypotheſim, gignit & alit, tantùm non quotidiè eorum aliqua naſci, aut certè mori non oportere. Ego ante aliquot annos rem ita concipere conabar. Cùm 1°. conſtet, haud paucos in maribus dari euripos ſorbentes, qui, quicquid in verticem incidit, modò ne luminibus euripi majus ſit, deor-

téſe qui ne l'eſt point, par d'autres qui le ſont encore moins, c'eſt plûtôt couper le nœud gordien, que le délier. Tel eſt le ſentiment de l'illuſtre Mr. Leibnitz, qui ne croit pas que les foſſilles petrifiées, tant du genre animal, que du genre vegetal, ſoient une preuve ſuffiſante du déluge univerſel. Il y a même des Philoſophes qui ſoûtiennent les germes préexiſtens, & répandus dans la terre, & diſent que c'eſt d'eux que ſont formez les coquillages, & les autres productions marines qu'on trouve dans les entrailles de la terre. Mais pour réfuter leur opinion, il n'y a qu'à remarquer qu'on n'a jamais trouvé aucun de ces coquillages vivant, ni aucun ſigne qu'ils ayent eu vie; c'eſt cependant des preuves que les partisans de cette opinion auroient dû donner : car puisqu'ils croyent que ces coquillages sont produits dans la terre, il faut qu'ils y vivent & mangent, & qu'enfin ils y meurent aussi. Voici de quelle façon je croyois autrefois qu'on pouvoit expliquer cela. Puisqu'il est assûré qu'il y a dans la mer plusieurs gouffres qui engloutissent tout ce qui y tombe, & que ce fleuve soûterrain, se divisant en plusieurs branches, les charie dans des lieux même fort éloignez de la mer ; je concluois que les productions marines, qui étoient quelquefois englouties, & conduites fort loin dans les soûterrains, & tuées si elles étoient vivantes, par le choc contre les rochers, ou par la faim, étoient enfin jettées hors du cou-

sùm rapiunt, & cursu fluminis, in plures ramos divergentes diffusi, in plura strata subterranea quantumvis licet à mari remota asportant; colligebam, frequentèr accidere necesse esse, ut res marinæ quocunque casu euripo nimiùm apropinquantes absorbeantur, in loca subterranea, longissimè licet à mari remota, devehendæ, ibique, si res viventes hunc casum subierint, occursu lapidum, aut inopiâ pabuli, enecandæ, ad latus strati tandem ejiciendæ, multoque sabulo involvendæ, præsertim si hujus fluenti subterranei ramus cursum mutet, priore alveo seu strato paulatim derelicto, neveque interim ad alterum latus alveo per continuatam sabuli eluvionem, effecto. Cùm præterea 2°. ex observationibus à cursu fluminum petitis verisimile sit, figuram telluris, maximè ex superficie Oceani universalis æstimatam, quam proximè accedere ad sphcroïdes longum (§. 18.), *adeòque etiam* (*ascensu descensuque montium colliumque, quantùm licet, inter se compensato*), *loca continentis Æquatori viciniora, multùm depressiora esse locis continentis ab Æquatore remotioribus; ulterius colligebam, fieri posse, ut fossores, etiam in locis mediterraneis, ad centum plus minùs pedum profunditatem fodiendo, aliquando incidant aut in ejusmodi strata aquosa ipsa, ab euripo sorbente borealiori, hoc est, altiori pendentia, atque sic, ob aquam magno impetu in puteo erumpentem, strati naturam curiosè pervestigare vetentur, aut ut nonnunquàm incidant in strata illa sabulosa testaceis aliisque rebus marinis mixta. At hæc explicandi ratio, ut verum fa-*

rant, & là couvertes de sable, sur tout, lorsque quelque branche de ce fleuve soûterrain change de lit, ou le quite peu à peu en s'en creusant un nouveau dans les sables qu'il entraîne. Je concluois encore, que puisqu'il est prouvé par le cours des fleuves, que la figure de la terre, & sur tout celle de la mer, est presque celle d'un sphéroïde allongé (§. 18.), de sorte que les lieux qui sont les plus voisins de l'Equateur, sont plus bas & plus près du centre de la terre, que ceux qui en sont plus éloignez, il étoit possible que les fossoïeurs qui creusoient loin de la mer jusqu'à la profondeur de cent pieds, arrivassent jusques aux couches aqueuses d'un goufre engloutissant, dont l'embouchure seroit dans un lieu plus septentrional

& plus élevé ; & qu'alors les eaux entrant dans les puits avec impetuosité, elles ayent empêché d'observer le fonds du fleuve ; ou que peut-être ils ne creusoient jamais jusqu'à ces couches de sable, où je supose que sont les coquilles & les autres productions de la mer. Mais j'avoue que cette explication n'a pû me satisfaire, quand je l'ai examinée plus attentivement.

Je compris en effet que ces courans qui devoient ainsi entraîner ces productions marines, devoient aussi être très-salées (§. 85. 86.), & que cependant les fossoïeurs ne trouvoient jamais de couches aqueuses d'eau salée ; & que si ils en rencontroient quelquefois, elles ne venoient point de quelque courant d'eau de la mer, mais

tear, mihi ipsi paulò post displicere cœpit, ubi eam novo examini subjecissem. Obstabat enim 1°. quòd strata ista aquosa admodùm salsa esse debeant (§. 85. 86.), nec tamen fossores unquàm stratum aquosum salsum invenerint in iis profunditatibus, in quibus fossilia marini generis reperiri solent ; imò si etiam inventa essent, semper tamen excipere liceat, ea strata aquosa salsa, non ex euripo aliquo maris pendere, sed ex stratis aquosis dulcibus alicubi sal fossile nativum perluentibus. 2°. Id assensum morabatur, quòd quæcunque demùm sit telluris figura, verisimillimum tamen videatur, strata aquosa salsa ex euripo maris pendentia (ut potè terricolis, si aperiantur, damnosa magis quàm utilia, minimum supervacanea futura) adeò à superficie continentis remota esse, ut fodiendo attingi nequeant (§. 137. 134.), aut si maximè pertinaciter fodiendo eò usque conniteremur, nihilominùs talia nobis occursura sint impedimenta, uti periculosæ exhalationes, cavernæ præcipites profundissimæ, durissimique saxi strata, &c. quæ opere nos desistere juberent (§. 132.).

qu'elles se salent en traversant quelque mine de sel gemme. Mais ce qui sur-tout suspendoit mon jugement, c'est que quelle soit la figure de la terre, il paroît plus vraisemblable que les couches aqueuses d'eau salée, formées par les courans soûterrains d'eau de la mer, sont si basses sous la surface de la terre, qu'on ne peut creuser jusques-là (§. 137. 134.); ou que si on s'efforçoit de creuser assezpour les rencontrer, mille obstacles insurmontables, telles que seroient des exhalaisons malfaisantes des rochers & de profondes cavernes, en feroient abandoner l'entreprise (§. 132).

Circumspectis igitur omnibus, quæ de fabrica telluris cognoveram, incidi in aliud sistema, quod proposito problemati satisfacere, & præterea ab ejusmodi incommodis liberum, maximè autem à simplicitate sua commendabile videtur. Nimirùm cùm omnia flumina

Ayant ainsi bien examiné tout ce que je sçavois de la construction de la terre, je pensai à un autre moyen de résoudre le problême, qui me paroît bon par sa simplicité, & par la facilité avec laquelle il leve toutes les difficultez.

Car puisque tous les fleuves se déchargent dans la mer (§. 1) les poissons peuvent entrer par l'embouchure des grands fleuves, & par ce moyen, parcourir les petites rivieres qui s'y jettent, jusques dans des lieux fort éloignez de la mer. En effet, au Printems, les poissons de la mer, attirez par l'eau douce, entrent en troupe dans les rivieres, & s'en retournent à la mer, vers la fin de l'Eté : c'est pourquoi, on pêche en Eté à Magdebourg, à Prague & ailleurs, une si grande quantité d'éturgeons & de saumons, & quelques autres poissons inconnus aux pêcheurs mêmes, lesquels ne peuvent venir que de la mer par la riviere d'Elbe. Enfin il est certain, qu'il y a dans tous les fleuves & rivieres, & sur tout dans

tandem in mare exonerentur (§. 1.) ; *piscibus marini generis omnibus per ostia fluminum majorum via patet, non solùm in flumina maxima, sed & in reliqua minora minùs composita, in locis à mari valdè remotis quærenda. Porrò pisces marini quotannis, ineunte vere, dulcis aquæ sensu illecti, catervatim, quasi peregrinabundi, flumina ingrediuntur, & exeunte æstate, demùm mare repetunt, quando quidem Magdeburgi ad* Albim, *ad Pragam in* Muldavia, *alibique, quotannis tempore æstivo, sturiones & salmones in magna copia capiuntur, nec ullus ferè annus abit, quin aliquis ignotus piscatoribus à mari veniens piscis capiatur* (m), *qui omnes non nisi per Albis ostium eò usque ex mari ascendere potuerunt. Denique satis cons-*

(*m*) *Vid.* Acta Erud. Lips. A. 1682. *p.* 245.

tat, in nonnullis fluminum præsertim majorum, locis, reperiri vortices aquarum, plerùmque minoris, aliquos tamen etiam sat ingentis diametri, qui posteriores integra navigia deorsùm rapere, & ad cæcos scopulos allisa perdere valent, qualis exitialis vortex in Danubii loco $7\frac{1}{2}$ *milliaribus Germ. infra* Lentium *Austriæ sito datur* (n). *Cùm itaque in locis fluminum vorticosis dentur euripi sorbentes, per quos magna aquæ pars in stratum aquosum subterraneum longè latèque patens continuò præcipitatur, nonnullis aquis putealibus, imò & Fontibus perennibus minùs principalibus continuum pabulum præbitura.* (§. 32.); *manifestum est quotannis multotiès accidere oportere, ut marini generis pisces, tanquam hospites novarum regionum imperiti, eò*

les grandes, des gouffres absorbans, dont quelques-uns sont capables d'engloutir des vaisseaux mêmes, comme on l'éprouve quelquefois malheureusement dans celui qui est dans le Danube auprès de Lintz en Autriche. Ainsi puisqu'il est certain qu'il y a des gouffres engloutissans sous ces tourbillons d'eau qu'on trouve dans les rivieres, dans lesquels il se précipite une très-grande quantité d'eau qui se répand après fort loin dans les couches aqueuses soûterraines, qui doivent fournir à quelques Puits & à des Fontaines peu considerables (§. 123); il est évident que chaque année, quelques-uns des poissons venus de la mer, & comme étrangers, leur instinct sera surpris; & en-

(n) Conf. Erud Lips A. 1692. p. 506.

traînez par le tourbillon, ils seront engloutis, tuez sur les écueils, & portez fort loin de là par le courant, & enfin abandonnez dans des lieux, où les fossoyeurs auront pû trouver, à une médiocre profondeur, leurs squeletes, ou leurs coquilles dans des couches de sable, ou dans la couche aqueuse, comme on en trouve souvent en effet dans les puits de Modene (§. 88.).

Cette seconde espéce de couches aqueuses formée par le goufre absorbant d'une riviere, est beaucoup plus basse que les couches aqueuses qui ont leur pente vers les rivieres, comme il a été déja expliqué ; & il semble que c'est dans cette seconde espéce qu'il faut ranger la couche aqueuse de Modene, qui vient vraisem-

euripos delati absorbeantur, & per strata aquosa longè latèque disseminentur ac enecentur, & sic tandem à puteorum fossoribus, in mediocri à superficie profunditate, eorum exuviæ durabiles, seu eorum testæ, multo sabulo involutæ, aut etiam in strato aquoso ipso [*uti Mutinæ accidere solet* (§. 88.)], *nonnunquàm inveniantur. Cæterùm strata aquosa isthoc modo orta multò profundiorem locum occupant, quàm strata aquosa prima hinc indè versùs flumen ipsum declivia. Tale stratum aquosum ulterioris ordinis videtur esse stratum aquosum Mutinense in* §. 88. *descriptum, quod ex euripo sorbente alicujus fluvii majoris*, e. g. Padi *aut potiùs* Athesis, [*quem, indè à Fonte ferè usque ad* Veronam, *gurgitibus vorticosum, impetu ferocem esse, ingentesque, ob rapidi-*

tatem, larices abieteſque ſæpè deferre conſtat (o)] *haud dubiè alitur. Et cum puteorum foſſores inter ſtrata alternantia ſæpè incidant in ſtrata paludoſa paluſtri arundine referta, aut ex juncis, plantarum foliis ac ramis quaſi congeſta, aut truncos arborum, imò interdùm oſſa, carbones & ferri fruſtula continentia, qualia Mutinæ ſæpè obſervata ſunt* (p); *patet, ejuſmodi foſſilia ex regno animali atque vegetabili, ex euripis fluminum majorum ſorbentibus optimè explicari poſſe, nec in hoc argumento enodando unquam opus eſſe, ut ad diluvium Noachicum provocetur.* e. g. *Ponamus quæri, undè fiat, quòd nonnunquam, ad* 40. *aut plurium pedum profunditatem, inter ſtrata telluris, & qui-*

blablement de quelque grande riviere, peut-être du Pô, ou plus ſûrement de l'Adda, dans lequel il y a pluſieurs goufres, depuis ſa ſource juſques à Verone, & qui par ſa rapidité arrache ſouvent, & entraîne les ſapins & les larix de ſes bords. Il faut ajoûter que, puiſqu'en creuſant dans le territoire de Modene, les Ouvriers, parmi pluſieurs autres ſtratifications, rencontrent ſouvent des couches d'une terre marécageuſe, mêlée de roſeaux, de joncs, de feüilles & de branches, même de plantes, & quelquefois auſſi des troncs d'arbres, des os, des charbons, & même des morceaux de fer ; il faut conclure que de tels

(o) *Vid.* Becmannus in Hiſtoria orbis terrarum Geograph. *Edit. ſexta p.* 71.

(p) Ex Ramazzini Relatione, in Act. Erud. Lipſ. A. 1692. *p.* 506.

fossiles du genre animal & vegetal, y ont été chariez par les torrens souterrains, à la faveur de quelques goufres absorbans ; & regarder, comme une chimere, l'opinion qui attribuë au Déluge universel, l'assemblage de ces differentes matieres dans ces couches marécageuses & souterraines.

Mais si on me demande, pourquoi à la profondeur de quarante pieds & davantage, on trouve toûjours dans les couches aqueuses, ou marécageuses, des arbres entiers, couchez ou inclinez à l'horison, quoiqu'il ne paroisse pas vraisemblable, que l'embouchure des goufres soit assez grande pour les engloutir ; car autrement les rivieres seroient bientôt à sec, ou la navigation interrompuë, à cause du

dem semper in strato aquoso aut paludoso, integræ arbores prostratæ aut ad horizontem inclinatæ reperiantur, cùm tamen verisimile non sit, euriporum fluminis perpetuò sorbentium meatus adeò amplos esse, ut integræ arbores absorberi possint, ne scilicet aut aqua fluminis nimiùm exinaniatur, aut præternavigatio gurgitis impossibilis reddatur : Ego censerem, rem ita explicari posse, si præter euripos fluminis sorbentes ordinarios & meatibus permodicæ amplitudinis haud dubiè instructos, inter scopulos navigantibus fugiendos, aut etiam ad ripam montosam, intra rupem aliquam, concipiatur euripus sorbens admodùm amplus, plerùmque sub syphonis naturalis figura occultatus, sed satis alto loco situs, ut idem sorbere nequeat, nisi ubi flumen valdè intu-

muit, & sorbere desinat, ubi flumen detumescens ad solitam libellam rediit. Qualis euripus sorbens temporarius accolis admodùm utilis est, dum efficit ne flumen nimiùm intumescat, & ut ea quæ vitari nequit intumescentià, vix per aliquot dies permanere queat. Quod si jam tempore intumescentiæ, fluvius hìc illìc super ripas effusus, offendat arbores cæsas, aut non cæsas per eluvionem prosternat; manifestum est, eas cursu fluminis abripi, earumquë aliquas ad ostium euripi ejusmodi perampli deferri, ibidem absorbendas, & in stratum subterraneum, quò usque loci natura patitur, devehendas. Cæterùm nullus dubito, quin huic divinationi de euripis sorbentibus temporariis in fluminibus majoribus hìc illìc reperiundis, experientia suffragatura sit, si quis observationes ac-

danger d'être englouti? A cela je répondrai, que sans doute, outre les petits goufres qu'on connoît, il peut y en avoir d'autres plus grands, parmi des rochers ou des écueïls, & invisibles par consequent aux Voyageurs qui ne les abordent pas. J'ajoûterai que peut-être aussi, il y a quelque grand goufre dans les rivages du fleuve qui sont bordez de rochers, dont les cavitez tortueuses imitent le siphon, & dont la situation au-dessus du niveau du fleuve, l'empêche d'engloutir les eaux; que lorsque le fleuve grossit & déborde, un goufre de cette espéce est un vrai bienfait de la nature, pour les Habitans du rivage; parce qu'en engloutissant beaucoup d'eau, il empêche les débordemens, ou du moins il en diminuë la durée, quand il ne peut l'empêcher. Cela ainsi suposé, lorsque le fleuve déborde, & se repand sur ses rivages; qu'il rencontre des arbres coupez, ou qu'il en arrache, il les entraîne par sa rapidité, vers l'embouchure de ce grand goufre, où ils sont engloutis, & entraînez par la couche aqueuse, aussi loin que les cavitez le permettent. Je suis persuadé que ce que je dis par conjecture de cette espéce de goufres intermittens pourroit être prouvé par l'expérience, si nous connoissions exactement les lits des grandes rivieres. Il y a au conflant du Rhin & de la Moselle un haut rocher, sur lequel est bâti le Fort d'Ehrenbreilslei, qu'on croit imprenable à cause de la hauteur du ro-

curatas in fluminibus majoribus, præcipuè ad confluentes duorum fluminum majorum, instituere volet. e. g. Confluentibus Rheni atque Mosellæ ex opposito, ad ipsam Rheni ripam conspicitur rupes excelsa, cui Ehrenbreitsteinium castrum *superstructum est, quod ob nimiam rupis altitudinem inexpugnabile creditur. Mihi certè admodùm verisimile videtur rupem istam, magno providentis Naturæ consilio, hanc stationem commodissimam obtinere, & intra rupem abscondi syphonem naturalem satis amplum, cujus brachii minoris lumen in superficiem Rheni ordinariam hiet, eo fine, ut aquæ hoc loco abundantis pars per brachium longius modicâ celeritate in stratum aliquod subterraneum effluat, & superficies utriusque fluminis in statu manen-*

te conservari possit; idem tamen sypho magnâ celeritate magnâque copiâ aquam hauriat, ubi utrumque flumen aut imbribus continuis, aut ex nive repentè liquata, valdè intumuit. Quod ipsum in eo casu, ob libellam aquæ exhauriendæ nunc à vertice syphonis minùs ac antè remotam, fieri necesse est.

cher. Je suis persuadé, que le dessein de l'Auteur de la Nature, en le formant, fut d'y construire un siphon naturel & caché, dont l'ouverture de la branche la plus courte fût dans le Rhin, afin de tirer une partie de ses eaux, en le repandant dans les couches souterraines, & conserver ainsi l'équilibre dans les eaux de ces deux rivieres, ou en épuiser une plus grande quantité, lorsqu'elles sont grossies par les pluyes ou les neiges fonduës; effet que ces sortes de siphons ne manquent jamais de produire, quand le niveau du fleuve est plus près de leur sommet, ainsi qu'il est démontré dans l'Hydrostatique.

§. CXLIX.

OBSERVAT. 18.

Cùm Lud. Ferdin. Marsilius (q) in Bosphoro Thracio navigium suum ipso in flumine, quantùm potè, immobile reddidisset, funem cum appenso plumbo in aquas demisit, qui primò per ali-

Mr. le Comte de Marsigli étant sur le Bosphore de Thrace, fit arrêter son Vaisseau, & le rendit immobile autant qu'il lui fut possible, dans un certain endroit, & il jetta dans

(q) *Vid.* Acta Erud. Lipf. Tom. I. Supplem. *part.* 207. *seqq.*

l'eau une corde, au bout de laquelle étoit un plomb ; il s'aperçût, que cette corde étoit d'abord pouſſée, du ſeptentrion vers le midi, par le courant de l'eau de la ſuperficie du Détroit. Bien-tôt après, le plomb étant enfoncé plus avant dans l'eau, elle fut repouſſée du midi vers le ſeptentrion ; ce que Mr. de Marſigli remarqua par le déployement de la corde, qui ſe rendit ſenſible au-deſſus de l'eau ; & des Pêcheurs Turcs lui aſſurerent, que la même choſe arrive ainſi dans tous les tems. Le même Mr. de Marſigli, ayant examiné le même jour, quel étoit le poids de l'eau de ce Boſphore, & par conſequent, quel étoit ſon degré de ſalure, il trouva, que la gravité de l'eau qui étoit à la ſuperficie du Dé-

quot paſſus Turcicos impetu fluminis ſuperficialis à ſeptentrione verſùs meridiem propulſus, mox cum plumbum profundiùs demiſſum eſſet, extremitate ſuâ à meridie in ſeptentrionem repulſus fuit, id quod ex plicatura funis ſupra aquas conſtituti animadvertit Marſilius, certior dein variis piſcatorum Turcicorum relationibus factus, eandem rem toto anno à ſe obſervari ſolere. Cùm idem in pondus (&, qui hinc patet, gradum ſalſedinis) aquæ marinæ eodem die inquiſiviſſet, deprehendit, aquarum ſuperficialium gravitatem, eſſe granorum 61$\frac{1}{4}$, ſubterlabentium autem, granorum 71$\frac{3}{4}$. Huc pertinent obſervationes de torrentibus maris ſubterlabentibus in freto Brittannico, Oreſundico, & Gaditano factæ, quæ in tranſactionibus Anglicanis (r) *ita ferè*

(r) Philoſophical Tranſactions Abrig'd. *Vol. II. p.* 288. §. *VII.*

recensentur.

troit, étoit de soixante-un grains & trois quarts, & celle des eaux qui étoient au-dessous, de soixante-onze grains trois quarts. Je crois que je dois raporter ici les observations qui ont été faites sur les courans inferieurs de la Mer, dans la Manche, le Détroit de Gibraltar & le Sund, qui se trouvent dans les transactions philosophiques.

1°. *In aperto mari, in locis inter promontorium Boreum & Austrinum (Nautis* Noord-cap *&* Sud-cap *dicuntur) interjectis, præter æstum maris integrum, datur etiam æstus* dimidius, *hoc est, in hoc tractu littorum Cantii* (Downs) *refluxus maris æquè ac fluxus 3. horis citiùs propè littora accidit quàm in vicino mari aperto, (quod ipsum temporis spatium, rem crassè exprimendo, tempus dimidii fluxûs aut refluxûs efficit). In his nempè locis, ubi æstus maris integer æquè ac dimidius locum habet, per observationes fidei plenissimas compertum est, quan-*

1°. En pleine Mer, dans les Lieux situez entre les Promontoires, apellez par les Mariniers, Cap Nord, & Cap Sud, il y a entre le flux & reflux une demi-marée, pour ainsi dire; c'est-à-dire, que dans l'étenduë des Côtes de la Province de Kent, le flux & le reflux arrive trois heures plûtôt près du rivage, qu'en pleine Mer; & cette espace de tems forme, à peu près, la moitié d'un flux & d'un reflux. Or, dans ces endroits où l'on voit un flux & un reflux entier & la moitié d'un autre, on a vû, par de bonnes observations, que lorsque le montant est encore bien marqué sur la superficie de la Mer, le descendant a déja commencé dans les couches inferieures ; c'est-à-dire, près du fonds ; & *vice versa*, lorsque le descendant est encore bien marqué à la superficie, il y a montant près du fonds de la Mer.

do propè superficiem maris, fluxus adhuc haud dubiè durat, in locis inferioribus, hoc est, propè fundum, refluxum jam cœpisse ; & vice versâ, ubi propè superficiem refluxus adhuc haud dubiè observabilis est, propè fundum adfluxum aquæ jam adesse.

2°. La mer Atlantique jette continuellement une grande quantité d'eau dans la mer Mediterrannée, par le Détroit de Gibraltar. L'embouchure qui regarde l'Occident, est entre les promontoires Traphalgas & le Cap Spartel, que les Matelots apellent Spart ; & on croit que sa largeur est de sept milles d'Angleterre. Ce torrent d'eau entre rapidement par le Détroit, & son cours ne diminuë, que

2°. *Mare Atlanticum ingentem aquarum molem per fretum Gaditanum in mare Mediterraneum continuò effundit. Freti ostium in occidentem solem spectans, continetur promontoriis* Trafalgar *&* Spartel (*Nautarum appellatione* Sprat) *& septem circiter milliaria Anglicana in latitudinem patere creditur ; is torrens aquarum rapido cursu per fretum fertur, nec languescit prius quàm in conspectum* Malaccæ *perveniatur, qui locus ad mare*

Mediterraneum viginti plus minùs milliaribus à freto abest. Hujus torrentis beneficio naves facilem, vento licèt adversante, aditum habent in fretum, quod 20 circiter milliaria in longitudinem excurrit; exitus ejusdem est inter duo oppida, quorum alterum ad oram Hispaniæ Gibraltaria; *ad Barbariæ oram alterum* Septa *appellatur. Quos exitus habeant aquæ tantâ mole in Mediterraneum sese effundentes, & quorsùm devehantur aquæ ex Ponto Euxino in Bosphorum & Propontidem, dein per Hellespontum in mare Ægæum decurrentes, reconditæ solutionis problema est, quod Philosophorum non minùs, quàm Nauticorum hominum ingenia in hunc usque diem satis exercuit. Ego suspicor, in iis locis dari torrentem subterlabentem, cujus ope tantundem aquæ exoneratur,*

lorsqu'il est vis-à-vis de Malaga, ville sur la Mediterranée, à vingt mille pas geometriques du Détroit : c'est par le moyen de ce courant, que les Vaisseaux entrent aisement, même pendant un vent contraire, dans le Détroit, dont la longueur est de vingt milles, & terminée entre deux Villes, dont l'une est sur la Côte d'Espagne, nommée Gibraltar, & l'autre sur la côte de Barbarie, nommée Ceuta. Mais quelle sortie ont les eaux qui entrent si abondament dans la Mediterranée, & de quoi deviennent celles qui coulent du Pont-Euxin, dans le Bosphore & la Propontide, ensuite de l'Hellespont dans la mer Egée ? C'est un problême encore caché & qui exerce depuis longtems les esprits des Philosophes & des Mariniers. Pour moi, je soupçonne que dans ces endroits il y a quelque courant inferieur, qui rend à l'Ocean autant d'eau que la Mediterranée en a reçû de lui. Pour confirmer ce sentiment, outre ce que j'ai déja dit de la difference du flux & du reflux, en pleine Mer, & près des rivages de Downs, je raporterai une autre observation, faite dans le Détroit du Sund, dans la mer Baltique, qui m'a été communiquée par un habile Capitaine de Vaisseau qui fut présent à l'observation.

quantùm ex oceano influit. Ad hanc sententiam confirmandam (prater ea quæ de diversitate æstûs marini in mari aperto, & ad littora Cantii, suprà adducta sunt) afferam aliam istiusmodi observationem in maris Balthici freto Oresundo institutam, & à perito magistro navis, qui experimentum capientibus interfuit, mecum communicatam.

3°. Il assuroit, que montant un Navire d'observation du Roy, & étant arrivé à l'embouchure du Détroit, il étoit entré dans l'esquif; qu'il s'étoit trouvé dans un courant très-fort, au milieu de ce Détroit; que là, il avoit mis dans la Mer, jusques à une

3°. *Is affirmabat, se, cum speculatoria nave Regia vectus ostium freti attigisset, scaphaque conscensa in torrentem medio inter utrumque littus spatio decurrentem pervenisset, ab amne torrentis validè ibi abreptum esse: quàmprimùm autem situlam globo machinæ bellicæ majoris gra-*

vidam ad notabilem profunditatem, in aquam demisissent, cursum scaphæ è vestigio repressum esse, & cum situla magis magisque descensui permitteretur, scapham directè, adverso amne torrentis superficialis retroactam esse. His adjiciebat, profunditatem torrentis superficialis quatuor aut quinque hexapedas non excessisse, & quò profundiùs situla demissa fuerit, eò rapidiorem repertum esse cursum torrentis subterlabentis.

De torrentibus in freto Gaditano extat quoque relatio cujusdam Præfecti navis, prout eam litteris consignavit D. Hudson (s) *hìc meritò subjicienda. Freti Gaditani ostium alterum, quod satis constat, promontoria* Spartel

profondeur très-considérable, un seau, chargé d'un gros boulet de canon, pour lors la vîtesse de l'esquif avoit été sur le champ rallentie ; & que le seau ayant été enfoncé de plus en plus dans l'eau, l'esquif avoit été entraîné contre le courant de la surface de la Mer. Il ajoûtoit à cela, que la profondeur du courant de la superficie ne passoit pas quatre ou cinq toises ; & que plus on enfonçoit le seau, plus on trouvoit que la rapidité du courant de dessous étoit grande.

Je crois que je puis raporter ici la rélation d'un Capitaine de Vaisseau, au sujet des courans du Détroit de Gibraltar, comme le Docteur Hudson nous l'a laissée. On sçait, que les promontoires Spar-

(s) Philosophical Transactions. *n.* 385. *p.* 191.

tel & Trafalgar, bornent l'embouchure du Détroit de Gibraltar, vers l'ocean Atlantique : c'eſt entre ces deux montagnes qu'il entre un torrent d'eau dans le Détroit, dont la largeur eſt là de cinq mille pas geometriques. De cet eſpace de l'Ocean, il ſe jette un torrent d'eau dans le Détroit, qui eſt large dans cet endroit environ de cinq mille pas geometriques, & ce torrent court ſi rapidement, dans le milieu du Détroit, entre l'Eſpagne & la Barbarie, vers le promontoire de Ceuta, qu'il parcourt dans l'eſpace d'une heure deux mille pas geometriques ; mais lorſqu'il a paſſé Ceuta, & que les côtes ſont éloignées de dix-huit mille pas geometriques, pour lors le courant parcourt à peine, dans chaque heure,

& Trafalgar ad oceanum Atlanticum definiunt. Ex iſto Oceani tractu, aquarum torrens irruit in fretum (quod plus minùs quinque milliaria in latitudinem patet), tantâque rapiditate, medio inter Barbariam & Hiſpaniam ſpatio, versùs promontorium Septæ *fertur, ut ſingulis horis binorum milliar. viam conficiat. Paulò ultra* Septam, *ubi alterum littus ab altero jam ad* 18. *circiter milliarium diſtantiam digreſſum eſt, torrens vix amplius unum milliare intra horam promovetur, curſumque, decreſcente pariter celeritate, circiter uſque ad promontorium Charidemum* (Cap de Gat) *continuat, viâ inter fretum & hunc maris Mediterranei locum interjectâ* 70. *milliarium exiſtente. Præterea nautæ noſtrates obſervant duos alios multò minoris rapiditatis*

torrentes, quorum alter à Septa *præter oram* Barbariæ, *alter à* Gibraltaria *præter Hispaniæ oram in oceanum Atlanticum decurrit. At enim usitatum navigantibus iter est per torrentem ad oram Barbariæ, partim quod à scopulis cautibusque minùs periculi habet, partim quod hic loci æstus maris multò rapidior est, quàm in littore opposito, quod utrumque navigantibus percommodum est, ad fretum quantociùs eluctandum. Fauces freti sunt inter promontoria ad Gibraltariam & Septam, siquidem ex horum locorum posteriore Isthmus prodit notabili spatio in mare porrectus. Cæterum maximè commemoratu dignum videtur, quòd anno* 1712. *in hoc ipso freto accidit. Nimirùm du l'Aigle, Præfectus Navis prædatoriæ, cui* Phœnix Massiliensis *nomen erat, cum*

mille pas geometriques, & il continue son cours avec un décroissement continuel de vîtesse, vers le Cap de Gat, éloigné du Détroit, de soixante-dix milles: outre cela nos Mariniers ont remarqué deux autres courans, qui sont à la verité moins rapides, dont l'un court vers l'Ocean Atlantique, près de Ceuta, sur la côte de Barbarie, & l'autre court près Gibraltar, sur la côte d'Espagne. Les Navigateurs suivent le courant du rivage de Barbarie; soit parce qu'il y a moins de rochers de ce côté; soit parce que le flux & reflux y étant plus rapides que dans le rivage oposé, on sort du Détroit avec moins de danger. Au reste, ce qui arriva en 1712. dans ce Détroit, me paroît digne de remarque. Un Capitaine de Vaisſeau, nommé de l'Aigle, qui commandoit en courſe, le Phenix de Marſeille, ayant commencé à pourſuivre près du promontoire de Ceuta, un Vaiſſeau Hollandois, qui faiſoit route pour les Pays-Bas, il l'attrapa, le canona, & le prit au milieu du Détroit, entre Tarifa & Tanger. D'abord après cette action, ce Navire criblé de coups de canon s'enfonçoit, & l'Aigle n'eut que le tems de ſauver l'Equipage. Peu de jours après, le Navire ſubmergé, auſſi-bien que pluſieurs des marchandiſes dont il étoit chargé, comme des tonnes d'eau de vie & d'huile, parurent flotter près du rivage de Tanger, quoique ce lieu ſoit du moins éloigné vers l'occident, de 4. mille pas geometriques, de l'endroit où

Batavorum navem in Belgium fœderatum iter intendentem haud procul promontorio Septæ perſequi cœpiſſet, eamque effuſe licet fugientem medio in freto inter Tariſſam & Tingim adeptus eſſet, integri ordinis tormenta bellica contra eam exploſit, quo facto navis mox ſubſedit; vectoribus tamen ad unum omnibus, adjuvante Præfecto du l'Aigle, periculo antè ereptis. Paucis diebus elapſis, navis ſubmerſa, æquè ac plurima, quibus onerata fuerat, dolia vini aduſti, oleique plena propè littus Tingitanum *fluitare viſa ſunt, etſi locus iſte quatuor minimùm milliaribus versùs occidentem abeſt à loco ſubmerſionis, tantaque via adverſo amne torrentis rapidiſſimi, orientem versùs, ut antè diximus, decurrentis, quomodò à navi confici potuerit, prorsùs non apparebat, consentibus locorum peritis omnibus, navim vi torrentis medii nonnisi versùs* Septam *abripi potuisse, ibique demùm emergentem fluitantemque videri debuisse. Undè haud paucis incidit suspicio, in medio freti alveo propè fundum dari debere torrentem subterlabentem, contrariâ prorsùs directione in oceanum Atlanticum decurrentem. Cæterùm aquam hujus freti admodùm profundam esse oportet; siquidem haud pauci nostrarum navium bellicarum Præfecti, longissimo quem parare poterant, fune adhibito, fundum attingere nunquam potuerunt.*

le Vaisseau avoit enfoncé. On ne pouvoit comprendre comment ce Vaisseau & ces marchandises, avoient pû aller vers l'Occident contre ce courant, qui auroit dû le porter du côté de Ceuta; mais cet évenement fit juger à plusieurs, qu'il y avoit un courant inferieur, au milieu du Détroit, qui couroit vers l'Ocean Atlantique, par vne direction contraire à la direction de l'autre. Il faut remarquer, que la profondeur de ce Détroit est si grande, que plusieurs Capitaines de Vaisseaux de Guerre ont en vain essayé de la mesurer, sans avoir pû trouver le fond quelque longue que fût la sonde.

§. CL.

COROLL. I. *Nunc igitur ex observationibus, qualis est illa à Marsilio in Bosphoro Thra-*

De l'observation de Mr. de Marsigli faite dans le Bosphore de Thrace, on peut conclure ce que nous avions déja dit dans les §. 132. 134. 138. sur les goufres absorbans; & je crois qu'on peut assurer sur tous ces faits. 1°. Qu'il y a des endroits de la Mer, où l'eau inferieure est plus pésante & plus salée que l'eau de la superficie. 2°. Que non loin des rivages, il y a des goufres vomissans, quelquefois cachés, & qui ont à peu près une direction horisontale. 3°. Que leurs eaux sortent par des canaux souterrains des terres voisines, soit isle, soit continent, & se repandent dans la Mer.

ciæ facta (§. 149.) immediatè patet, quod suprà in §. 138. 132. 134. ex consideratione euriporum sorbentium deduximus. 1°. Dari loca maris, in quibus aqua inferior, salsior & gravior est aquâ superficiali. 2°. Haud procul littoribus dari euripos vomentes, plerùmque cæcos & directionem circiter horizontalem habentes. 3°. Hos ex meatibus subterraneis terræ vicinæ, sive continens fuerit, sive insula, in mare erumpere.

§. CLI.

Cela paroît encore mieux par les observations que les Anglois ont faites sur les côtes de la Province de Kent, & dans le Détroit du Sund & de Gibraltar. Quoique les Observateurs ayent negli-

COROLL.

Idem quoque nunc immediatè patet ex Anglorum observationibus ad littora Cantii, itemque in fretis Oresundico & Gaditano factis, etsi observatores gravitatem specificam torrentium ibidem subterlabentium ex-

plorare neglexerint (§. 145.) *Nimirùm euripi cæci minùsque impetuosi ad littora Cantii aquam sorbentes & vomentes, eoque ipso æstum maris* dimidium *ibi locorum efficientes quærendi sunt in illis magnis cumulis arenaceis* (Banc de sable) *littori ad mediocrem à continente distantiam præstructi* (§. 119.) (t)

gé d'examiner la gravité specifique des courans inferieurs, (§. 145.) car il faut chercher dans ces grands bancs de sable qui sont près du rivage, à une mediocre distance du continent ; c'est-là, dis-je, qu'il faut chercher ces goufres cachez, & moins impetueux, qui sont sur les rivages de Downs, & qui en absorbant, & revomissant l'eau, produisent ce demi flux & reflux dont nous avons parlé.

§. CLII.

COROLL. 3. *Nec minùs ex illis Anglorum observationibus apparet* 1°. *In littore Hispaniæ inter Malaccam atque Gibraltariam, dari aliquot euripos sorbentes cæcos, per solum glareosum in subterranea Hispaniæ aquam transmittentes, multis fluminibus stratisque aquosis continuum*

Les observations des Anglois, nous prouvent encore, qu'il y a sur la côte d'Espagne, entre Malaga & Gibraltar, des canaux cachez, aborbans, qui reçoivent l'eau dans des souterrains de gravier, pour fournir continuellement de l'eau à plusieurs

(t) Conf. Joannis van Keulen Zeekart. Tabul. 32. cui titulus *Nieuwe Pas-Kaart van het Zuyderste gedeelte der Noorde-Zee.*

fleuves & à plusieurs couches aqueuses de la terre, & ainsi une grande partie de l'eau descendant avec force dans ces goufres, ce qui reste d'eau dans cette mer, ne fait que peu d'effort vers l'entrée du Détroit, & resiste bien moins aux eaux qui viennent de l'ocean Atlantique, que s'il n'y avoit point de canaux absorbans.

pabulum præbituram (§. 132.) ; *adeòque magnâ parte virium ad descendendum impensâ, aquam hujus maris residuam, exiguum saltem nisum versùs fretum exercere, & aquæ ex Atlantico irruenti multò minùs resistere, quàm quidem futurum esset, si isti euripi sorbentes abessent.*

§. CLIII.

Comme la mer Atlantique reçoit assez près du Détroit, les fleuves du Tage, de la Guadiana & du Guadalquivir, & plusieurs autres moindres rivieres, & que par consequent l'eau de la superficie est moins pesante, & moins salée dans cette espece de mer, que dans les lieux du même Ocean, plus éloignez du rivage; & que

Quoniam mare Atlanticum paulò extra fretum, præter Tagum, Anatem & Bætim, *plura alia paulò inferioris dignitatis flumina recipit, adeòque iste Oceani tractus aquam superficialem vehit salsedinis atque gravitatis notabiliter minoris, quàm in locis Atlantici procul à littore remotis, itemque quàm aqua superficialis in ipso mari Mediterraneo* COROLL. 41.

intra fretum ; iste tractus maris Atlantici, ut æquilibrium aquarum servetur, ad altiorem libellam consistet, quàm in reliquis utriusque maris locis indicatis (p. demonst. in §. 11.). Quare, cùm prætereà tanta flumina subterlabentia admodùm salsa atque gravia in istum maris Atlantici tractum continuò irrumpant, aquam minùs gravem sursùm urgeant, & ad libellam adhuc altiorem attollant ; magna pars aquæ superficialis ex isto Atlantici tractu, per modum extraordinarium, declivitatem acquiret versùs fretum Gaditanum, imò & versùs superficiem notabilis tractûs in mari Mediterraneo (ob euripos scilicet cæcos ibi sorbentes), atque sic superficialis aqua ex Atlantico, magno impetu in fretum atque mare Mediterraneum decurrat, necesse est (§. 2.), & qui-

même elle eſt moins peſante que l'eau de la ſuperficie de la Mediterranée, dans le Détroit : il faut que cet eſpace de la mer Atlantique ſoit plus élevé que les autres lieux de l'une & l'autre mer, dont j'ai parlé, afin que l'équilibre des eaux ſe conſerve(§ 11.) D'ailleurs comme de très-grands courans inferieurs d'eau très-ſalée & très-peſante, ſe jettent continuellement dans cet eſpace de la mer Atlantique, & qu'ils ſoûlevent les eaux de la ſuperficie moins peſantes, il arrive qu'une très-grande partie de cette eau ſuperficielle acquiert une grande declivité vers le détroit de Gibraltar, & vers la ſurface d'une étenduë conſiderable de la mer Mediterranée; ainſi cette eau court avec beaucoup de rapidité vers l'ocean Atlantique, dans le détroit de la mer Mediterranée, à cause des canaux cachez absorbans, & sur tout au milieu du Détroit, où un courant salé semble courir dans un lieu particulier. Cette rapidité se fait sur tout sentir dans cet espace de la Mediterranée, où l'eau étant moins haute, à cause des goufres qui l'engloutissent continuellement, elle fait aisément place à l'eau qui arrive par le Détroit. On peut ajoûter encore, qu'en comparant les colomnes de l'eau qui est au milieu du détroit de Gibraltar, avec les colomnes de l'eau qui est hors du Détroit dans l'Ocean, on trouvera que la partie inferieure de la colomne d'eau qui est au milieu du Détroit, est dans un mouvement rapide, & la partie inferieure de la colomne qui est

dem maximè in medium freti spatium, sub quo flumen salsum in peculiari suo alveo decurrit, & præterea in istum Mediterranei tractum, ubi propter euripos sorbentes (§. 152.) aqua residua atque extra ordinem minùs alta, adventanti per fretum aquæ facilè locum cedit. Accedit altera ratio, quòd, columnam aquæ in medio freto Gaditano, cum columna aquæ laterali extra fretum in Oceano, inter se comparando, illius columnæ pars inferior in rapido motu, hujus verò in motu multùm segniore sit; adeòque in illa columna, magna pars virium impendatur, non ad premendum seu gravitandum, sed ad progrediendum; in hac columna autem pars virium longè maxima in pressionem impendatur. Undè columnæ aquæ laterales extra fretum etiam per alium modum ex-

traordinarium prævalebunt, & in partem superiorem columnæ aqueæ in freto existentis irrumpent.

hors du Détroit, est dans un mouvement plus lent ; ainsi une grande partie de la force de la premiere colomne n'est pas employée à peser, ou à presser les corps inferieurs, mais à avancer ; au lieu que la force des autres colomnes est employée en pression : c'est pourquoi les colomnes laterales de l'eau, qui est hors du Détroit, prévaudront considerablement, se pousseront & feront effort vers la partie superieure de la colomne d'eau qui est dans le Détroit.

§. CLIV.

COROLL. 5. *Cùm freti Oresundici eadem sit natura, quæ Gaditani, atque torrens ibi subterlabens, magnâ rapiditate in mare Germanicum decurrat (§. 149.) ; patet vestigiis §. 153. insistendo, eodem planè modo rationem assignari posse, cur mare Germanicum, per torrentem aliquem superficialem in fretum Oresundicum irrumpat (§. 149.).*

Comme le détroit du Sund est de même espece que le détroit de Gibraltar, & qu'il y a aussi dans le détroit du Sund un courant inferieur, qui va se rendre dans la mer Germanique ; on voit par là même raison, pourquoi la mer Germanique entre avec rapidité dans le détroit du Sund.

§. CLV.

Le détroit de Gibraltar s'étendant assez loin, & y ayant un courant inferieur qui y coule au milieu, comme dans son lit particulier; (car les conduits des goufres vomissans sont placez à une médiocre distance du rivage) les parties inferieures des colomnes d'eau, qui sont voisines de l'une ou l'autre côte, n'étant pas d'une assez grande profondeur, ne sont pas dans un mouvement assez rapide, pour faire irruption sous les colomnes laterales de l'ocean Atlantique, & les soûlever. Ainsi comme la plus grande partie des causes qui produisent l'effort de la mer Atlantique sur les parties superieures de la colomne d'eau du Détroit, n'ont

Quoniam fretum Gaditanum satis latè patet (§. 149.), *& in eo torrens subterlabens saltem medio inter utrumque littus spatio in peculiari alveo decurrit* [*neque enim emissaria euriporum vomentium in ipso littore, sed in locis à littore mediocriter remotis collocata reperiuntur* (§. 119. 150. 118.)]; *partes inferiores columnæ aqueæ alterutri littori vicinæ, præsertim cùm tantæ profunditatis non sint, non sunt in rapido motu, nec ex iis erumpit aqua gravior in columnas laterales oceani Atlantici, quæ easdem sursùm urgere possit. Cùm igitur hìc maximam partem cessent rationes, cur mare Atlanticum in partes superiores columnæ aqueæ irrumpere debeat* (§. 153.) *manifestum est, cur aqua ex mari Mediterraneo per*

COROLL. 6.

fretum propè utrumque littus lata, solitum cursum versùs oceanum Atlanticum non mutet.

point ici lieu ; on voit évidemment, pourquoi l'eau de la Mediterranée, qui coule près des rivages du Détroit, conserve toûjours son cours ordinaire vers l'ocean Atlantique.

§. CLVI.

Coroll. 7.

Cùm tanta moles aquarum ex Atlantico mari in Mediterraneum effundatur (§. 149.), *multòque major vis aquæ ex Ponto Euxino, itemque ex tot fluminibus, Nilo, Pado, Rhodano, &c. accepta accedat, & torrentes ad utrumque littus freti Gaditani reperiundi* (§. 149. 155.) *haud dubiè non sufficiant ad aquam abundantem maris Mediterranei exonerandam ; manifestum est, in mari Mediterraneo, præter Scyllam in freto Siculo, plures alios dari debere euripos sorbentes* (§. 81. 82.) *apertos vel cæcos, propè littora Asiæ, Europæ, Africæ, insu-*

Comme la mer Mediterranée reçoit une très-grande quantité d'eau de la mer Atlantique ; qu'elle en reçoit encore plus du Pont Euxin & de tant de fleuves, tels que le Nil, le Pô, le Rhône, qui s'y déchargent, & que les courans que l'on trouve sur le rivage de l'un & de l'autre côté de Gibraltar, ne suffisent pas pour vuider cette eau, il est manifeste qu'indépendamment même du goufre de Silla, dans le détroit de Sicile, il doit y avoir dans la mer Mediterranée plusieurs autres goufres absorbans.

(§.81. 82.) connus, ou cachez, près des rivages de l'Asie, d'Europe, d'Affrique, des Isles de la Mediterranée, & des espaces pleins de sable & de gravier, par lesquels l'eau surabondante est engloutie, ou distile dans des couches souterraines, qui fournissent de l'eau suffisante pour entretenir tous les fleuves de la Meditéranée; & par-là est confirmé ce que nous avons assuré sur la foi des observations, qu'il y avoit plusieurs canaux absorbans cachez entre Malaga & Gibraltar.

larum Mediterranei, tractuumque vadosorum atque arenaceorum quarendos (§. 118. 119.), per quos reliqua abundans aqua, aut absorbeatur, aut destillet in stratum subterraneum, multis Asiæ, Europæ, Africæ, insularumque Mediterranei fluminibus continuum pabulum (modo in §. 132. descripto) prabitura. Ex quo etiam confirmatur, quòd in §. 152. de pluribus euripis subeuntibus cæcis inter Malaccam & Gibraltariam reperiundis, observatione ita suadente, affirmavimus.

§. CLVII.

SCHOL. I.

Les Arabes tiennent pour constant que la mer Morte, qui est fermée, se décharge dans la mer Rouge par un conduit de soixante-deux lieuës, & que la Meditéranée se joint

Inter Arabes constans opinio est, mare Mortuum, quod è clausorum genere est, per cuniculum 62. leucarum in mare Rubrum exonerari, & mare Mediterraneum per canalem subterraneum, mini-

mum 40. *mill. Germ. cohærere cum mari Rubro. Ad horum posterius confirmandum pertinet, quod Arabs Historicus* Abulhassen *narrat, anno Hegiræ* 720. *accidisse, Præfectum scilicet Provinciæ Ægyptiacæ*, Sues, *in mari Rubro Delphinum vivum cepisse, eundemque monili aureo exornatum mari Rubro reddidisse ; nihilominùs autem paucis præterlapsis diebus, eundem ad* Damiotam, *in mari Mediterraneo iterùm captum, & ex monili agnitum fuisse. Undè cum tantillo tempore Delphinus vastissimam totius Africæ peninsulam circumnatasse credi nullo modo possit, collegerunt Delphinum necessariò per canalem aliquem subterraneum satis patentem, eumque parùm declivem, sub isthmo latentem, & fortè inter syrtes scopulosve navibus inaccessos quærendum, in mare*

à la mer Rouge par un canal souterrain, qui est du moins de quarante milles Germaniques : on peut raporter en preuve de ces faits, ce que l'Historien Arabe Abulhassen raconte être arrivé l'année de l'Hegire 720. que le Gouverneur de la Province de Suez en Egypte, ayant pris un Dauphin en vie dans la mer Rouge, lui avoit fait mettre un collier d'or & l'avoit fait remettre dans la mer, & que peu de jours après on avoit pris le même Dauphin à Damiette sur la mer Mediterranée, & qu'il avoit été reconnu au collier. D'où il suit que le Dauphin n'ayant pû parcourir, en si peu de tems, la vaste Peninsule de l'Afrique, il faut croire qu'il fit son chemin par quelque canal souterrain, caché sous l'isthme de Suez & peut être parmi des rochers inaccessibles aux Vaisseaux. Deslors que l'on est sûr de la communication de ces mers soûterraines, on ne demande plus si la mer Rouge est plus haute que la Mediterranée, ou au contraire.

Quelques Rois d'Egypte & de Perse; l'Empereur Trajan, & quelques Califes Arabes, ont voulu percer cet isthme pour ouvrir un chemin plus court aux Navigateurs d'Europe, dans les Indes; cependant jamais il n'y a eu de resolution decisive prise, parce qu'ils n'ont jamais pû sçavoir quelle étoit la mer la plus haute, tant la science de niveller, étoit imparfaite dans ce tems-là. Pour moi je suis persuadé, par ce que j'ai prouvé (§. 18.)

Mediterraneum pervenisse. Cùm itaque de horum marium particularium communicatione subterranea satis constaret, relinquebatur saltem disputatio, an mare Rubrum altius esset Mediterraneo, an contrà. Hunc isthmum equidem perfodere voluerunt aliquot Reges Ægypti, Persarum, Imperator Trajanus, & nonnulli Caliphæ Arabiæ, ad navigationem ex Europa in Indiam brevissimâ viâ aperiendam. Nullum tamen unquam his consultationibus decretum interpositum est, uti ego credo, maximè propterea, quod quæstionem præjudicialem, utrum mare altero altius sit, & quantùm, ob imperfectam eorum ævo libellandi scientiam, expedire non potuerunt. Mihi certè, ob ea, quæ in §. 18. adducta sunt, persuasum est, mare Mediterraneum propè isthmum altius, esse mari Rubro. Accedit altera ratio, quod maria particularia saltem pro fluminibus admodùm latis habenda sint, per alveum declivem in Oceanum exonerandis; æquè uti flumina continentis aut insulæ versùs mare particulare declivitatem habent, in quod exonerantur.

que la mer Mediterranée, près de l'isthme, est plus haute que la mer Rouge. Ajoûtez à cela que les mers particulieres doivent être regardées comme des fleuves très-larges qui se rendent dans l'Ocean, par leur déclivité.

§. CLVIII.

SCHOL. 2. *Res mira visa est, quòd navis illa A. 1712. in freto Gaditano demersa propè* Tingim *emersit, loco 4. milliaribus versùs occidentem à loco demersionis remoto* (§. 149). *At non adeò difficulter concipere licet, cur res ita potiùs quàm aliter evenerit. Nimirùm navis, postquàm à vectoribus derelicta est, maximam partem saltem onerata fuit doliis ligneis, vino adusto aut oleo plenis, hoc est, molibus, quarum gravitas specifica minor est gravitate specificâ aquæ marinæ. Un-*

Il a paru surprenant que ce Navire qui s'enfonça en 1712. dans le détroit de Gibraltar, ait été vû ensuite flotant près de Tanger, lieu éloigné, vers l'Occident, de plus de quatre mille pas geometriques, de celui où il fut submergé; mais il n'est pas si dificile de concevoir comment cela est ainsi arrivé; car le Navire ayant été abandonné de l'Equipage, se trouva chargé de tonnes d'Eau-de vie & d'huile, c'est-à-dire, de fardeaux, dont la gravité ſpecifique étoit moindre que la gravité ſpecifique de l'eau de la mer : c'eſt pourquoi ce Navire étant percé par le canon, & faiſant eau de tous côtez, ce nouveau poids d'eau augmenta ſa gravité ſpecifique, & le fit couler à fonds ; & en le coulant à fonds, il fut porté vers l'Orient par la force du torrent de deſſus, qui étoit au milieu du Détroit. Ainſi ce Vaiſſeau ſubmergé flotant ſur le courant inferieur, fut entraîné vers l'Occident avec ce degré de vîteſſe, dont ſa rapidité ſurpaſſoit celle du courant ſuperieur juſques ſur des écueils ; & là, baloté par les forces contraires des deux courans opoſez, il fut pouſſé hors de leurs lits, & jetté dans le courant lateral,

dè poſtquàm perforata aquam haurire cœpit, ea tandem modico ſaltem exceſſu gravitatis ſpecificæ ſubſedit, & inter ſubſidendum, vi torrentis ſuperficialis medii aliquantùm versùs orientem promota eſt. Interim tamen navis ſubſidens nunquam ad fundum pervenit ; ſed poſtquàm torrentem ſubterlabentem gravitatis ſpecificæ notabiliter majoris attigit, in eodem eò uſque ſaltem immerſa eſt, donec pondus fluidi hujus gravioris expulſi æquaretur exceſſui gravitatis ſpecificæ, cum quo in fluido ſuperficiali deſcenderat. Navis igitur fluido ſubterlabenti ſupernatans, vi hujus torrentis fortioris, versùs occidentem abrepta eſt, etſi ſaltem cum exceſſu celeritatis torrentis inferioris ſupra celeritatem ſuperioris, donec ad occurſum cautium remorata, & à duabus viribus ſecundùm oppoſitam ferè directionem agentibus, variè incitata & repulsa, extra hos duos torrentes ad latus ejecta est, usque in confinia torrentis lateralis propè Tingim, *ubi tandem ad cautes hic multò frequentiores* (§. 149.) *allisa fractaque est, mercibus omnibus effusis. Quo facto, separatæ moles nimiæ gravitatis specificæ fundum petierunt; cæteræ autem gravitatis specificæ minimæ, uti dolia, navisque exonerata ipsa, sursùm pulsæ sunt, & denique ex torrente superficiali, præsertim vento commodo adjuvante, ad oram Barbariæ emergentes eidem supernatare cœperunt.*

qui coule auprès de Tanger. Il fut là brisé sur les écueils, dont cette côte abonde, (§. 149.) & sa cargaison répanduë & dispersée sous les eaux : après quoi, ce qui étoit plus pesant que l'eau de la mer, coula tout-à-fait à fonds; mais ce qui se trouva plus leger, les tonneaux par exemple, les débris du Navire même, monterent à la surface, & surnagerent; & enfin entraînez par le courant superieur, & sur tout poussez par un vent favorable, ils furent portez vers les côtes de Barbarie, où on les vit floter.

§. CLIX.

SCHOL. 3. *Etsi verò profunditatem freti Gaditani insignem esse, facilè crediderim, non tamen à me impetrare possum ut credam, majorem eam*

Quoique je ne doute pas que la profondeur du détroit de Gibraltar ne soit très-grande; neanmoins, je ne sçaurois croire, sur le raport de ces Capitaines de Vaisseaux de guerre, qu'elle surpasse les plus longues cordes. Plusieurs circonstances rendent la chose douteuse. 1°. Que le Navire, dans le tems que l'on a fait l'experience, n'ait pas été immobile, mais ait été emporté vers l'Orient, par une vîtesse considerable. 2°. Que la partie superieure de la corde ait été pareillement emportée vers l'Orient, par une vîtesse à peu près égale. 3°. Que la partie inferieure de cette corde, ait été emportée plus vîte vers l'Occident, par la force du courant de dessous. 4°. Que le plomb qui étoit au bas de la corde, ne fut pas assez pesant, eu égard à la grosseur de la corde, à la gravité specifique, & à la profondeur de l'eau inferieure. 5°. Par-

esse longitudine funis longissimi, quem Præfecti navium bellicarum parare potuerunt (§. 149.). Multa sanè isti experimento (§. 149.) opponi possunt. Nimirùm 1°. Navis, intereà dum experimentum captum est, immobilis non fuit, sed notabili celeritate versùs orientem abrepta est. 2°. Funis pars superior haud paulò minori celeritate itidem in orientem acta est. 3°. Pars ejus inferior à torrente subterlabente, majori celeritate rapta est versùs occidentem. 4°. Plumbum appensum, pro ratione crassitudinis funis & gravitatis specificæ profunditatisque aquæ inferioris, non satis ponderosum fuit. 5°. Ubi, præter plumbum, tanta pars funis aquæ inferiori, graviori immersa fuit, quanta sufficit, ut fluidi expulsi gravioris pondus æquetur ponderi plumbi & partis funis immensæ simul, tota hæc pars, multò magis omnis reliqua pars superaccedens, flumini inferiori innatavit, & ab ejus torrente versùs occidentem continuò abrepta est. Quo rerum statu obtinente, satis manifestum est, freti profunditatem etsi mediocris fuerit, nullo quantumvis longo fune adhibito, explorari posse. Imò si fune triplo aut quadruplo longiore adhibito, torrens subterlabens in majorem majoremque funis molem agere potuisset, tandem navis bellica contra torrentem superficialem versùs occidentem retroacta esset: id quod scaphæ in freto Oresundico tandem accidit, cum situla lignea globo tormentario gravida ex mediocris longitudinis fune suspensa demitteretur (§. 149.). Undè etiam patet ex observatione in Oresundico freto facta inferri non debuisse, quod fluminis sub-

ce que dans l'experience, outre le plomb, une si grande quantité de corde fut plongée dans l'eau inferieure, & plus pesante, que cela suffisoit, pour mettre en équilibre le fluide avec le poids de plomb & la partie de la corde qui étoit dans l'eau; en sorte que toute cette portion de corde, & à plus forte raison, toute celle que l'on avoit ajoûtée, nagea sur le courant inferieur de l'eau, & étoit continuellement emportée vers l'Occident. Et voilà pourquoi on n'auroit jamais pû sçavoir la profondeur du Détroit, quelque médiocre qu'elle fût, & quelque corde qu'on y eût employé; quand même on auroit employé trois ou quatre fois plus de corde, le courant de dessous pouvant agir contre une plus grande masse, le Vaisseau auroit été entraîné vers l'Occident, malgré le courant de la superficie, comme il arriva à l'esquif dont on a parlé, dans le détroit du Sund, lorsqu'on mit dans la mer le seau de bois, chargé du boulet de canon, & suspendu à une corde de mediocre longueur: d'où il paroît qu'on ne peut pas inferer de cette observation, que la rapidité du courant de dessous, dans le détroit du Sund, soit considérablement plus grande dans les lieux plus près du fonds: car ce seau étant parvenu à une plus grande profondeur, ne s'enfonça pas plus avant, quelque corde que l'on lui lachât, mais nagea sur ce courant, & la longueur de la corde ne servoit qu'à lui donner plus

terlabentis rapiditas notabiliter major majorque sit in locis fundo propioribus; siquidem situla, ubi ad determinatam profunditatem pervenit, non ampliùs subsedit, fune quantumvis licet laxato, sed flumini innatavit, ejusque cursum, laxato magis magisque fune, magis magisque obedienter secuta est. Dantur præterea alia ejusmodi exempla, ubi nautæ suis de profunditate maris observationibus malè usi sunt. e. g. *In mari Pacifico, haud procul insulis Salomonis, datur insula, cui Belgæ* Eyland fonder grond *nomen fecerunt, propterea quod propè eam longissimo, qui aderat, fune adhibito, fundum maris attingere non potuerunt. Nec enim cogitarunt, idem observari debere, si profunditas maris multò minor quidem est longitudine funis; propè fundum tamen datur torrens subterlabens gravitatis specificæ notabiliter majoris eâ, quæ obtinet in aqua superficiali. Aliis igitur præterea observationibus, præcipuè de gravitate specifica aquæ inferioris, opus est, antequàm pronuntiare liceat, mare in loco aliquo dato esse profunditatis inexplorabilis. Cæterùm in mari Zeilanico ejusmodi loca admodùm sunt frequentia, quæ profunditatis inexplorabilis esse creduntur: uti ex mappis hydrographicis constat in nautarum usum paratis* (u).

de facilité à le suivre. Il y a bien d'autres exemples des mauvaises observations des Mariniers sur la profondeur des eaux de la mer ; par exemple, dans la mer Pacifique, près des isles de Salomon, il y a une isle que les Hollandois appellent *Eyland sonder grond*, où l'on n'a pû trouver le fonds de la mer, quelque corde qu'on employât. On ne pensa pas que, quand même la profondeur de la mer seroit moindre que la longueur de la corde, on n'en trouveroit pas le fonds, s'il y avoit un courant inferieur d'eau, dont la pesanteur specifique fût considerablement plus grande, que la pesanteur specifique de l'eau qui est au-dessus. Ainsi, il faut donc bien connoître la pesanteur specifique des couches de l'eau inferieure, avant d'assûrer qu'on ne peut trouver le fonds. Il y a aussi dans la mer de Zeiland plusieurs endroits, dont on ne peut trouver la profondeur, comme on le voit par les Cartes Hidrographiques, dont se servent les Pilotes.

(u) *Vid.* Joan. van Keulen Zeekaert. Tab. 73. cui titulus : *Pas Caart van t' Eyland Ceylon.*

§. CLX.

COROLL. [illegible]

Comme dans le Bosphore de Thrace, on a observé un courant inferieur d'une eau très-salée, qui vrai-semblablement sort des souterrains du continent de l'Asie mineure, & se jette dans le Pont Euxin (§. 149.) & que vraisemblablement il y en a d'autres, comme on peut le conclure de ce que nous avons dit sur l'origine des Fontaines dans le §. 133. on voit assez la cause pourquoi les eaux du Pont Euxin gardent constamment leur même salure, quoiqu'il en coule continuellement dans la mer Mediterranée, par l'Hellespont, une très-grande quantité de ses eaux salées, & qu'il reçoive aussi une très-grande quantité d'eau douce du Danube, du Boristhene, du Tanaïs & de plusieurs autres fleuves.

Cùm in Bosphoro Thracio observatus sit euripus aquam salsiorem subterlabentem vehens, & ex subterraneis Natoliæ in Pontum Euxinum exonerans (§. 149.); & præter hunc observatum alios adesse debere, ex ipsa Fontium origine in §. 132. explicata constet: Patet ratio, cur Pontus Euxinus salsedinem suam constanter tueatur, etsi tantam aquæ salsæ molem, per Hellespontum, in mare Mediterraneum deponat, & contra ingentem vim aquæ dulcis ex Danubio, Boristhene, Tanai, &c. continuò in alveum suum recipiat.

§. CLXI.

COROLL. [illegible]

La mer Caspienne ayant

Cùm mare Caspium ha-

beat euripos ſorbentes, hoc eſt, aquam ſalſam, qualis eſt, in loca ſubterranea devehentes (§. 28. 28.), *iiſque neceſſariò reſpondeant euripi aquam ſalſiorem in mare aliquod, quodcumque demùm ſit, evomentes* (§. 132. 128.) *aut* 1°. *Omnes euripi vomentes, qui ex euripis Caſpii ſorbentibus reſultant, omnem aquam ſuam ſalſiorem in ipſum mare Caſpium iterùm deponunt; aut* 2°. *Omnem in alia maria ejiciunt, nec aliundè tantundem ſalſuginis recipitur; aut* 3°. *Partem ſaltem in mare Caſpium, reliquum in alia maria exonerant, intereà dum aliundè tantundem ſalſedinis iterùm acquiritur; aut* 4°. *Pro amiſſa ſalſugine mare Caſpium nihil ſalſuginis aliundè acquirit. Sive ſecundum, ſive quartum ponatur, mare Caſpium, utpotè undique clauſum atque loco admodùm alto*

auſſi des canaux abſorbans, qui portent dans les terres une quantité d'eau ſalée, elle doit avoir neceſſairement d'autres canaux qui rejettent de l'eau encore plus ſalée dans quelque mer, quelle qu'elle ſoit: car ou 1°. Tous les canaux vomiſſans qui réſultent des canaux abſorbans de la mer Caſpienne, rendent à la mer Caſpienne même ſon eau devenuë plus ſalée: ou 2°. Ils la rejettent toutes dans d'autres mers; & en ce cas, la mer Caſpienne ne reçoit pas autant de ſalure qu'elle en perd: ou 3°. Ces canaux vomiſſans ſe déchargent, partie dans la mer Caſpienne, partie dans d'autres mers, pendant que de quelqu'autre façon la mer Caſpienne recouvre autant de ſalure qu'elle en perd: ou 4°. Enfin la mer

Caspienne ne reçoit d'ailleurs aucune salure à la place de celle qu'elle perd. Dans le 2e & le 4e. cas, la mer Caspienne, qui est fermée, très-élevée, & qui reçoit beaucoup de fleuves, perdra continuellement sa salure; ce qui étant absurde, il est évident, ou 1°. Que tous les canaux vomissans les eaux de la mer Caspienne, raportent leurs eaux & leur salure dans la mer Caspienne même: ou 2°. Qu'il y a des canaux dans la mer Caspienne, quoique cachez, qui réparent la salure, que cette mer perd continuellement: or la premiere de ces deux choses ne peut pas être, par les §. 18. 128. 132. Il faut donc que ce soit la seconde, & que par consequent la salure qu'elle perd, lui

situm (§. 24.), *& tot flumina continuò recipiens, continua salsedinis decrementa capiet* (§. 84.). *Quod cùm sit absurdum* (§. 24.); *manifestum est, aut* 1°. *Omnes euripos vomentes, qui ex euripis Caspii resultant, omnem salsuginem suam in ipsum mare Caspium iterùm deponere; aut* 2°. *In Caspio dari euripos vomentes, etsi cæcos, qui salsuginem amissam aliundè restituunt. Sed horum prius ferè fieri nequit* (§. 18. 128. 132.) : *ergo horum posterius valebit, & salsugo amissa restituetur ex subterraneis*, e. g. *Russiæ, Tartariæ, Indiæ, ubi ex Oceano septentrionali aqua per euripos sorbentes adveniens flumina Russiæ, Tartariæ, &c. effecit, & reliqua salsa aqua versùs Caspium decurrit* (*per demonstr. in* §. 132.). *Nec minus patet ratio, cur maris Caspii* *salsedo non decrescat, ex aqua salsa per euripos sorbentes continuò amissa, & tanta aquæ dulcis copia ex fluminibus continuò acquisita.*

soit renduë par les soûterrains de Russie, de Tartarie, de l'Inde, parce que l'eau qui vient de l'Ocean septentrional, par les canaux absorbans, forme les fleuves de Russie & de Tartarie, & le reste de l'eau salée se rend à la mer Caspienne, selon le §. 132. C'est aussi la raison, pourquoi la salure de la mer Caspienne ne diminuë jamais, quoique cette mer perde continuellement de l'eau salée par les goufres absorbans, & qu'elle reçoive toûjours des fleuves une très-grande quantité d'eau douce.

§. CLXII.

COROL. 10. *Eodem similive modo intelligitur ratio, cur reliqua maria clausa, imò & aperta particularia, atque Oceanus universalis ipse, non dulcescant ex tanta aquæ salsæ mole amissa, tantaque aquæ dulcis vi ex tot fluminibus acquisita.*

C'est aussi pourquoi les autres mers fermées, ou ouvertes, & l'Ocean même ne s'adoucissent jamais, quoiqu'elles perdent une grande quantité de leur sel, & qu'elles reçoivent des fleuves, beaucoup d'eau douce.

§. CLXIII.

PROBLEMA. *Investigare Systema de origine Fontium.*

Tout cela suposé, il faut chercher le sistême de l'origine des Fontaines.

RESOLUTIO.

On le trouve dans le §. 132. mais je vai l'exposer encore. Plus l'eau de la mer eſt perpetuellement, ou periodiquement abſorbée dans les goufres de la mer même, qu'on trouve près de ſes rivages, ou dans les endroits ſerrez des Détroits, elle eſt d'abord portée dans les ſouterrains des Iſles, ou des continens adjacens; enſuite elle eſt diſtribuée & diſperſée par toutes les ramifications des conduits ſouterrains juſqu'au-deſſous des montagnes, des cavernes & des autres cavitez de la terre. Cette eau de mer dans tout le chemin qu'elle fait ſous terre, trouve une chaleur ſouterraine répanduë dans tout l'interieur de la terre, qui la diſpoſe à l'évaporation, & qui produit une exha-

Ea jam extat in §. 132. paulò pleniùs hic denuò proponenda. Nimirùm aqua marina, à voraginibus maris in ipſis fretorum anguſtiis aut propè littora maris reperiundis, aut perpetuò, aut per periodica temporum intervalla abſorbetur, & in ſubterranea inſulæ aut terræ continentis defertur, atque per horum meatuum ramos & ramuſculos, longè latèque uſque infra tractus montoſos, cavernoſos, fiſtuloſoſque diſtribuitur, dum intereà in toto ferè hoc itinere hæc aqua ſubterranea ſalſa, per calorem ſubterraneum ferè ubique diſſeminatum, ad inſenſibilem ferè exhalationem diſponitur, vaporeſque per loca fiſtuloſa atque cavernoſa, quà datur, in altiores altioreſque cavernas ſub ipſis tandem tractibus montoſis ſitas aſcendunt, cavernarum fornicibus adhæ-

rent, ibidem in guttulas aquæ dulcis confluunt quaquaversum versùs latera fornicis defluunt in strata glareosa extrorsùm declivia, ex quibus in receptaculum satis amplum, sed parùm profundum aqua colligitur, & per hujus emissaria paulò infrà receptaculi libellam collocata continuò erumpit, Fontesque perennes ad radicem montis aut jugi aut collis scaturientes efficit, dum intereà abundans receptaculi aqua, per alia emissaria in ipsa receptaculi libella aptata, strata aquosa vicina ingreditur, pro aquis putealibus, imò & pro Fontibus perennibus minùs editis alibi locorum constituendis, ut Fontes perennes eandem ad sensum aquæ quantitatem æqualibus temporibus effundere possint. Quod dum contingit, aqua subterranea, tantâ aquæ dulcis decessione per evaporationem effectâ,

laison insensible de ses parties. Cette eau réduite en vapeurs, s'éleve dans les plus hautes cavernes, renfermées dans les montagnes, s'attache aux voûtes de ces cavernes, & coule ensuite en goutes d'eau douce, de tous les côtez de la voûte, sur des couches de cailloux ou de gravier, qui vont en pente vers le dehors de la montagne; de-là elle se rassemble dans quelques réservoirs assez grands; mais vrai-semblablement peu profonds, d'où elle sort continuellement par les conduits, qui sont placez au-dessous du niveau du réservoir, & forment les sources perpetuelles au pied, à la cime des montagnes & des côteaux, pendant que d'autre eau sort en quantité du même réservoir, se répand sur des couches aqueuses de terres voisines, pour fournir aux Puits, & pour former ailleurs des Fontaines moins élevées, afin que les sources perpetuelles puissent répandre sensiblement la même quantité d'eau en tems égaux. Cela étant ainsi, l'eau de la mer perd sous terre tant d'eau douce par l'évaporation, qu'elle acquiert une salure & une gravité specifique, plus grande que celle qui est dans la mer; & de plusieurs rameaux penchez les uns vers les autres, il se forme des branches d'eau; de ces branches ensuite, il se forme des canaux, jusqu'à ce que cette liqueur salée s'approchant de la mer, chasse l'eau de la mer, quoique plus élevée, & se vuide dans la mer même, sous la forme d'un canal vomissant; & cela, afin que l'engloutissement du goufre & l'évaporation de l'eau douce, puisse toûjours continuer, & qu'il puisse y avoir des Fontaines, qui fournissent toûjours de l'eau douce, comme il est prouvé dans les §. citez dans le §. 132.

salsedinem gravitatemque specificam acquirit marinâ majorem; & ex ramusculis tandem ad se invicem convergentibus colligitur in ramos aquarum, ex ramis in canales itidem ad se invicem convergentes, donec salsugo mari appropinquans aquam marinam, etsi ad multò altiorem libellam consistentem, loco pellit, & sub forma euripi vomentis in mare exoneratur, ut sorbitio voraginis sorbentis perennare, & evaporatio aquæ dulcis continuare possit, consequenter Fontes perennes, seu jugiter aquam dulcem præbentes, obtineri queant, uti ex Paragraphis in §. 132. citatis constat.

Dico hanc Problematis resolutionem exhibere systema de origine Fontium quæsitum.

Nimirùm systema de origine Fontium investigaturo quærenda est definitio realis, seu notio distincta, ex qua genesis Fontium naturalis intelligi possit. Primò igitur cognitionem eorum sibi comparare debet, quæ ad genesin Fontium naturalem concurrunt; deindè meditatione adhibitâ, perspicere tenetur, quidnam unumquodque horum ad genesin Fontium naturalem conferat. Quare cùm tellus minimè sit chaos aliquod, seu rudis atque indigesta moles, sed potiùs structura ejus sit quàm maximè organica, adeòque & naturalis Fontium genesis multùm organici habere debeat: requisita Fontium naturalium innotescent, si observationes de structura telluris, quantùm ad hoc negotium

Je dis que la résolution de ce problême, donne le sistême demandé de l'orine des Fontaines. Car pour le trouver, il faut d'abord chercher une definition veritable, ou notion distincte, qui fasse comprendre l'origine des Fontaines. Et premierement il faut rassembler & comparer tout ce qui peut concourir à l'origine naturelle des Fontaines; ensuite examiner attentivement, en quoi chacune de ces choses y contribuë. C'est pourquoi, la terre n'étant pas un cahos informe, mais étant au contraire d'une structure très-organique, il faut qu'il y ait aussi bien de l'organique dans l'origine des Fontaines: & on connoîtra ce qui est necessaire pour leur formation. Si on rassemble autant d'observations qu'il se ſe pourra, ſur la ſtructure de la terre, on connoîtra enſuite ce que chaque choſe contribuë à la formation de ces Fontaines. Si avec beaucoup d'attention, d'habitude de raiſoner, & une connoiſſance ſuffiſante des mouvemens des corps, ſur tout des fluides, on conſidere ſéparement chaque obſervation, ce qui en reſulte par les loix du mouvement; que l'on compare enſuite pluſieurs obſervations entr'elles; que l'on voye ce qui en doit ſuivre par les loix du mouvement, juſqu'à ce que par un enchaînement de propoſitions & d'obſervations, on parvienne à acquerir une notion diſtincte de tout ce qui concourt à l'origine des Fontaines: Et comme en ſuivant cette route, & mettant à l'écart toutes les hipotéſes, même

pertinere videtur, ſollicitè colligantur. Quid verò obſervatarum rerum qualibet ad Fontes conſtituendos conferat, apparebit, ſi multâ attentione & habitu ratiocinandi, & præterea cognitione legum motûs corporum, præcipuè fluidorum, inſtructus, primò ſingulas obſervationes ſeparatim conſiderando, quid ex ea per leges motûs conſequatur, multa cum circumſpectione eruat; deindè pluresque obſervationes inter ſe comparando, quid ex iiſdem legibus reſultare debeat, colligat, donec tandem rerum ad Fontes conſtituendos concurrentium ordine atque nexu perſpecto, diſtinctam de naturali Fontium geneſi notionem conſequatur. Cùm igitur hunc ipſum tramitem ſequendo, ſepoſitis omnibus, etiam de figura telluris, hypoteſibus, ex ſolis obſervationibus indubiis, le-

gibusque motûs fluidorum in subsidium vocavis, distinctam de naturali Fontium genesi notionem deduxerim in resolutione praecedente expositam; patet, hanc ipsam Problematis resolutionem exhibere systema de origine Fontium quaesitum.

celles qui roulent sur la figure de la terre, j'ai tiré la connoissance distincte de l'origine des Fontaines, des observations indubitables & des loix du mouvement des fluides; je crois donc avoir satisfait à la question proposée.

§. CLXIV.

SCHOLIUM. generale primum.

Equidem jam olim Cartesius (x) *originem Fontium ex mari explicare conatus est. Quia tamen idem euriporum sorbentium & vomentium usum non perspexit, nec adeò ostendere potuit, quomodò meatus subterranei à sale per aquae dulcis evaporationem accumulando liberentur, & quâ ratione maribus sal amissum restituatur; ejusdem de origine Fontium systema intelligentibus parùm satisfecit, cùm ex eo distinctam de genesi Fontium naturalium*

A la vérité Descartes a expliqué l'origine des Fontaines par les exhalaisons qui viennent de la mer; mais n'ayant pas connu l'usage des goufres absorbans & vomissans, il n'a pû aussi expliquer, comment les conduits souterrains se pouvoient dégager du sel qui devoit y être accumulé par l'évaporation de l'eau douce, ni comment la mer réparoit la salure qu'elle perdoit. C'est pourquoi, son systê-

(x) In Princip. Philos. *part.* 4. §. *64. p. m.* 164.

me de l'origine des Fontaines, n'a pas satisfait les connoisseurs, & ne peuvent donner une idée distincte de leur formation; au lieu que nous croyons avoir supléé au sistême Cartesien par ce que nous avons dit au §. 163. ainsi on voit que notre sistême n'est pas nouveau; mais que c'est le sistême Cartesien perfectionné; & il est aisé de voir en quoi ces deux sistêmes conviennent & diférent.

notionem addiscere non liceat. Quare, cum ex nostro systemate in §. 163. *proposito, illi systematis Cartesiani defectus suppleri possint; apparet, nostrum systema non omninò novum esse, sed reverà esse* systema Cartesianum promotum; *simulque patet, in quo idem cum Cartesiano conveniat, in quo ab eodem differat.*

§. CLXV.

SCHOLIUM generale secundum.

On ne procede pas dans la résolution des problêmes physiques, ainsi que dans l'Algebre, comme si le problême donné n'avoit aucune liaison avec les autres problêmes. On ne parvient pas toûjours à la verité, mais tout au plus, à des résolutions possibles, quoiqu'éloignées de l'hi-

In problematibus physicis resolvendis non procedendum est, ut in Algebra moris est, ac si problema datum cum aliis problematibus planè non connexum esset. Aliàs non devenitur ad liquidam veritatem, sed, si præclarè res agitur, ad summum ad resolutiones in se quidem possibiles, ab hipothesi tamen naturæ alienas, & propterea infinitis disputationibus obnoxias. Quin potiùs plura problemata physica, & soluta & nondùm soluta, modò aliquam adfinitatem habeant, simul animo sunt complectenda, & dein circumspiciendum, an observationibus de hisce rebus sollicitè conquisitis, talia nobis occurrant principia indubia atque generalia, ex quibus intelligi possit, quomodò affinia ista problemata ab invicem pendeant, hoc est, quâ ratione singula problemata ista ex iisdem principiis, mutatis mutandis, solutionem accipere possint. Tum demùm devenietur ad solutiones problematum physicorum genuinas, & ad hypotesin naturæ quàm proximè accedentes. Hâc ipsâ viâ aggressus sum solutionem problematis principalis de origine Fontium, ut occasione communissimarum ob-

potése de la nature, & sujettes par consequent à une infinité de disputes. Mais il faut plûtôt rassembler dans son esprit plusieurs problêmes physiques, résolus, & non résolus, pourvû qu'ils ayent quelque raport ensemble; & ensuite examiner, si des observations que nous avons rassemblées, on peut tirer des principes generaux & indubitables, qui fassent comprendre la liaison des problêmes; c'est-à dire, comment chaque problême peut être résolu par les mêmes principes, *mutatis mutandis*; & pour lors on parviendra à des solutions vrayes & aprochantes du sistême de la nature. C'est ainsi que je m'y suis pris pour résoudre le problême principal de l'origine des Fontaines; en sorte que j'ai cru qu'il falloit examiner par les plus communes obſervations, pourquoi ni l'Ocean, ni les mers particulieres, ni les mers fermées, ne ſe débordent pas; pourquoi les mers gardoient conſtamment leur même degré de ſalure; pourquoi des canaux pouvoient abſorber, & rejetter perpetuellement ou ſucceſſivement; où alloit l'eau de la mer engloutie par les goufres; quel étoit l'uſage de ces goufres ou des canaux vomiſſans; comment le ſel que la mer perd par l'engloutiſſement de ſes canaux, lui eſt rendu; quelles ſont les cauſes des inondations particulieres; quelle eſt l'origine de l'eau des Puits; quel eſt l'uſage des Détroits, des bras de mer; quel eſt celui des monceaux de ſable & de gravier, qu'on trouve ſur les

ſervationum, mihi ſimul cogitandum eſſe putarem, cur neque Oceanus, neque maria particularia, neque maria clauſa exundent; cur utrumlibet marium genus ſalſedinem ſuam conſtanter tueatur; cur euripi perpetuò, aut per vices, ſorbere vel vomere poſſint; quorsùm aqua marina à voraginibus hauſta transferatur; quis ſit uſus voraginum maris, itemque euriporum vomentium; quomodò ſal, quod euripo ſorbente amittitur, mari reſtituatur; quibus ex cauſis diluvia particularia contingere poſſint; quæ ſit origo putealis aquæ; quis ſit uſus fretorum & cumulorum ſabuloſorum glareoſorumque, littoribus hìc illìc præſtructorum, aliiſve maris locis reperiundorum; quorsùm deſtinentur ſtrata telluris admodùm diverſa; per quas cauſas foſſilia marini generis in loca ſubterranea, maximè licet à mari remota, deferri potuerint, & id genus problemata alia. His omnibus aliquoties diversisque temporum intervallis, etsi confusè saltem consideratis, in dies magis magisque apparebat, qualibus observationibus minùs communibus conquirendis opus esset, ut ex earum consideratione sperare possem, me ad plurimorum problematum affinium, æquè ac ad problematis principalis solutionem (uti accidit) perventurum, & systema de origine Fontium, quod meditabar, benè multa veritatis criteria habiturum.

rivages, ou en d'autres lieux de la mer; à quoy sont destinées les couches de terres si differentes entr'elles; par quel hazard on trouve dans la terre & dans des lieux fort éloignez de la mer, des coquilles, des bois, des os, & plusieurs autres problêmes de même espece. Tout cela s'étant, en differens tems, presenté à mes réflexions, j'en restois plus convaincu, qu'il falloit une très-grande quantité d'observations très-exactes, afin qu'en les comparant les unes aux autres, & remarquant leur liaison & leur enchaînement, je pûs établir par leur moyen, un sistême sur l'origine des Fontaines, qui eût toutes les aparences de la verité.

Nihil tam difficile, quin quærendo investigari possit. Cic.

FINIS.

Fig. 1ere. §. XII. pag. 21.

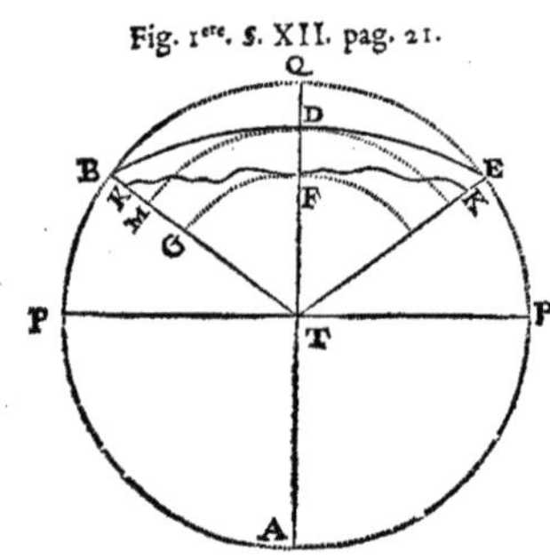

Fig. 2e. §. XCVIII. pag. 119.

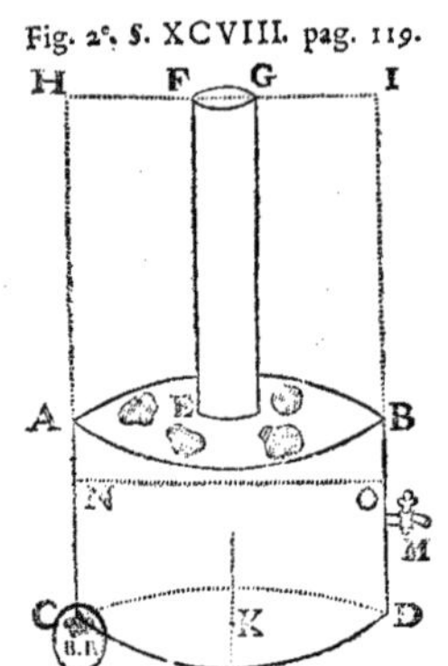

AVIS
DE L'IMPRIMEUR.

LA quantité de faits intéressans que la Dissertation de l'Origine des Fontaines contient, m'engagea de joindre une Traduction Françoise à l'Ouvrage Latin, afin qu'il fût plus à la portée de tous ceux à qui il peut être utile. Des raisons plus intéressantes pour le Public, m'engagent encore d'en donner une de celle de la Cause de la Fertilité des Terres. C'est une de ces questions de Physique, sur qui tout le Public a un droit légitime, & qu'on ne peut lui cacher sans injustice; le droit des Gens la revendique contre l'usurpateur qui lui en feroit un mystere. Tout ce qu'on découvre sur cette matiere, est si cher & si précieux à la Nature humaine, que si nous en envisagions bien toute l'utilité, nous réaliserions ce que la Fable nous raconte de ces demi-Dieux, à qui l'Antiquité éleva des Autels, parce qu'ils avoient apris aux hommes quelque moyen de fertiliser leurs Terres. Ce que les Sçavans ont découvert jusqu'ici, n'a pas tout le merite que nous pouvons désirer : mais chaque pas qu'ils font dans des matieres si précieuses, est aussi infiniment précieux; sur tout, quand ce sont des voyes nouvelles & de nouvelles routes, sur lesquelles d'autres peuvent encore faire de plus grandes découvertes. L'Ouvrage dont je donne ici la Traduction, offre aux Physiciens curieux, des moyens de faire à peu de fraix, & presque sans peine, une quantité d'experiences pour perfectionner l'Agriculture & le Jardinage. Peut-être leur aprendront-elles un secret inutilement cherché jusqu'à nos jours; je veux dire, celui de pouvoir faire croître dans nos climats les plantes étrangeres. On s'est en effet aperçû que ce n'est point le degré de temperature qui leur manque, puisque nous en faisons souvent aporter sans succès, des lieux où il est le même à peu près. Cela vient donc de la qualité des sucs de la terre qui nourrissent ces sortes de plantes, & qui est particulier à ces lieux par la constitution intérieure de leurs terres. Mais si les experiences répetées confirment celles que l'Auteur de la Dissertation a faites, & que cette terre grasse & onctueuse, extraite par élixation, soit le principe de la Fertilité; elle contient aussi sans doute le principe specifique de la vegetation naturelle de ces plantes dans leurs climats. Ne seroit-il pas très-facile de faire aporter de ces Pays-là de ces extraits concentrez, & curieux d'essayer de donner à ces plantes un aliment qui leur soit plus convenable que celui de nos terres, & par là nous les rendre peut-être plus utiles? J'aurois lieu d'esperer que cela seul auroit fait agréer au Public la Traduction que je lui donne, quand même l'Ouvrage n'auroit pas contenu des recherches & des experiences, qui peuvent, par des raisons plus intéressantes, devenir utiles, ou à nous, ou à notre posterité.

www.ingramcontent.com/pod-product-compliance
Ingram Content Group UK Ltd.
Pitfield, Milton Keynes, MK11 3LW, UK
UKHW020241180726
13839UKWH00001B/101

9 782329 323923